Drei Schritte zur Aufrechterhaltung der Betriebsfähigkeit

Jetzt diesen Titel zusätzlich als E-Book downloaden und 70 % sparen!

Als Käufer dieses Buchtitels haben Sie Anspruch auf ein besonderes Kombi-Angebot: Sie können den Titel zusätzlich zum Ihnen vorliegenden gedruckten Exemplar für nur 30 % des Normalpreises als E-Book beziehen.

Der BESONDERE VORTEIL: Im E-Book recherchieren Sie in Sekundenschnelle die gewünschten Themen und Textpassagen. Denn die E-Book-Variante ist mit einer komfortablen Volltextsuche ausgestattet!

Deshalb: Zögern Sie nicht. Laden Sie sich am besten gleich Ihre persönliche E-Book-Ausgabe dieses Titels herunter.

In 3 einfachen Schritten zum E-Book:

1. Rufen Sie die Website www.beuth.de/e-book auf.

2. Geben Sie hier Ihren persönlichen, nur einmal verwendbaren E-Book-Code ein:

   30168A107FB11AC

3. Klicken Sie das „Download-Feld“ an und gehen dann weiter zum Warenkorb. Führen Sie den normalen Bestellprozess aus.

Hinweis: Der E-Book-Code wurde individuell für Sie als Erwerber dieses Buches erzeugt und darf nicht an Dritte weitergegeben werden. Mit Zurückziehung dieses Buches wird auch der damit verbundene E-Book-Code für den Download ungültig.

Three Steps to Business Continuity

Download an eBook version of this title and save 70 %!

As a purchaser of this title you can take advantage of our special offer: Download an eBook version of this title and pay only 30 % of the normal hard copy price.

The SPECIAL ADVANTAGE: You can search any eBook to find specific subjects and text passages in an instant. Each Beuth eBook is supplied with a handy full-text search function.

Download your personal eBook edition of this title now!

It takes only 3 steps:

1. Go to www.beuth.de/e-book
2. Enter your personal eBook code.
   Please note that this code can only be used once.

   30168A107FB11AC

3. Click on "Download" and go to your Shopping Basket.
   From here, follow the normal ordering process.

Please note: This eBook code has been generated for your use only as purchaser of this printed book and may not be passed on to a third party. When this book is withdrawn the code for downloading the eBook will no longer be valid.

Drei Schritte zur Aufrechterhaltung der Betriebsfähigkeit / Three Steps to Business Continuity

Dr. Frank Herdmann,
Saul Midler

Drei Schritte zur Aufrechterhaltung der Betriebsfähigkeit

Ausrichtung an DIN EN ISO 22301

Three Steps to Business Continuity

Aligning to ISO 22301

1. Auflage 2021
1st edition 2021

Herausgeber:
DIN Deutsches Institut für Normung e. V.

Beuth Verlag GmbH · Berlin · Wien · Zürich

Edited by: DIN Deutsches Institut für Normung e. V.

Berlin · Wien · Zürich
Saatwinkler Damm 42/43
13627 Berlin

Phone: +49 30 2601-0
Fax: +49 30 2601-1260
Website: www.beuth.de
Email: kundenservice@beuth.de

Cover design: Beuth Verlag GmbH, using a picture from dreamstime.com (© Baurka)
Typesetting: Beuth Verlag GmbH, Berlin
Printing: Plump Druck & Medien, Rheinbreitbach

Printed on acid-free permanent paper as in DIN EN ISO 9706

ISBN 978-3-410-30168-4
ISBN (e-book) 978-3-410-30159-2

Herausgeber: DIN Deutsches Institut für Normung e. V.

Berlin · Wien · Zürich
Saatwinkler Damm 42/43
13627 Berlin

Telefon: +49 30 2601-0
Telefax: +49 30 2601-1260
Internet: www.beuth.de
E-Mail: kundenservice@beuth.de

Titelbild: Beuth Verlag GmbH, unter Verwendung einer lizenzierten Illustration von dreamstime.com (© Baurka)
Satz: Beuth Verlag GmbH, Berlin
Druck: Plump Druck & Medien, Rheinbreitbach
Gedruckt auf säurefreiem, alterungsbeständigem Papier nach DIN EN ISO 9706

ISBN 978-3-410-30168-4
ISBN (E-Book) 978-3-410-30159-2

About the Authors – Über die Verfasser

Saul Midler Hon FBCI

Saul Midler is head of the Business Continuity and Resilience (»BC&R«) Practice at Terra Firma in Melbourne, Australia. For over 25 years, Saul's BC expertise has helped countless organizations in Australia and overseas, to be better protected from operational disruption and to become more resilient. His voluntary work as a subject matter expert with the International Organization for Standardization (ISO) has allowed him to contribute and to shape the global BC community.

Saul is a popular international conference presenter and educator, workshop and exercise facilitator and of course, expert BCMS programme consultant. In 2013, the Business Continuity Institute (BCI) awarded Saul, Global Business Continuity Consultant of the Year. In 2019, the BCI bestowed their highest award, Honorary FBCI (Fellow of the BCI), in recognition of his contribution to the global BC community and industry.

Saul was the global project manager for the revision of ISO 22301 (which was published in October 2019).

Saul Midler ist Leiter der Business Continuity (»BC«) und Resilienz Praxis bei Terra Firma in Melbourne, Australien. Seit mehr als 25 Jahren hat seine BC-Expertise zahlreichen Organisationen in Australien und dem Rest der Welt geholfen, besser gegen betriebliche Störungen geschützt zu sein und resilienter zu werden. Seine ehrenamtliche Arbeit bei der ISO (International Organization for Standardization) hat ihn dazu befähigt, die globale BC-Gemeinschaft mitzuformen.

Midler ist ein beliebter Sprecher bei internationalen Konferenzen, Trainer, Workshop- und Übungsleiter und natürlich ein erfahrener BCMS-Berater. Das Business Continuity Institut (BCI) hat ihm 2019 seine höchste Auszeichnung, FCBI (Mitglied) ehrenhalber, in Anerkennung seines Beitrages zur globalen BC-Gemeinschaft und Branche verliehen.

Midler war der globale Projektmanager für die Überarbeitung der ISO 22301 (die im Oktober 2019 veröffentlicht wurde).

Über die Verfasser – About the Authors

Dr. Frank Herdmann

Frank Herdmann ist eine Führungskraft der ersten Ebene mit Erfahrungen in rechtlichen, wirtschaftlichen und organisatorischen Bereichen sowie nachgewiesenen Erfolgen bei der Effizienzsteigerung von Unternehmen. Er wurde in den USA und Europa ausgebildet und hat besondere Erfahrungen mit komplexen Aufgaben sowohl im Umfeld von Organisationen der öffentlichen Hand als auch von privaten Unternehmen.

Herdmanns Branchenhintergrund liegt im Bankgeschäft, Kompensationshandel und Immobilien. Seit 2009 ist er Berater mit Schwerpunkt auf KMUs. Er ist Autor diverser Veröffentlichungen in Rechtsgeschichte, Compliance Management, Risikomanagement und Wissensmanagement.

Herdmann war als von DIN zur ISO/TC 292 WG 2 delegierter deutscher Experte an der letzten Überarbeitung der ISO 22301 beteiligt.

Frank Herdmann is a C-level manager with a legal, financial, and operational background and has a demonstrated track record in generating improved efficiency. He was educated in the US and Europe and is highly skilled at working in multiple-targeted assignments in both the public and private sector.

Frank's industry background is banking, barter trade and real estate. Since 2009 he has been a consultant focusing on SMEs. He is an author of various publications regarding Legal History, Compliance Management, Risk Management and Knowledge Management.

Frank participated in the recent revision of ISO 22301 in his capacity as the German expert delegated by DIN to ISO/TC 292 WG 2.

Subcommittee Chairman of/Vorsitzender von MB-025 WG2, the Australian mirror committee to ISO/TC 292, WG 2

Member of/Mitglied des IT-012, the Australian mirror committee to ISO SC27

Member of/Mitglied des ISO/TC 292, WG 2

Contact:

Saul Midler (Hon FBCI)

Business Continuity and Resilience Executive

Melbourne, Australia

Mobile: +61 412 55 77 98

Email: saul.midler@gmail.com

Obmann von / Chairman of DIN NA 175 00 05 GA, the German mirror committee to ISO/TC 292, WG 2, 6 & 8

Deputy Chairman of DIN NA 175-00-04 AA, the German mirror committee of ISO/TC 262

Deputy Chairman to DIN NA 175 BR, the steering committee for the mirror committees responsible for management standards and management system standards

Obmann von / Chairman of DIN NA 175 BR 02 SO, the German mirror committee to ISO/TMBG/JTCG TF 14

Mitglied von / Member of ISO/TMBG/JTCG TF 14 revision of Annex SL

Member of ISO/TC 292, WG 2 Continuity and Resilience & 6 Protective Security

Teamkoordinator von / Secretary of ISO/TC 292 WG 8 Security Management and Projektleiter / project leader for the revision of ISO 28000

Kontakt / Contact:

Dr. Frank Herdmann, Rechtsanwalt

Gluckweg 10 | 12247 Berlin | Germany

AUXILIUM MANAGEMENT SERVICE (http://herdmann.de)

Telefon / Phone: +49 30 77190321

E-Mail / Email: auxilium@herdmann.de

Acknowledgements

Since its publication in 2012, ISO 22301 has provided a globally accepted framework for a Business Continuity Management System (»BCMS«). A global community of more than 50 Business Continuity experts donated 2 years of their valuable time to revise ISO 22301:2012. The project culminated in the publication of ISO 22301:2019 in October 2019. While this standard has always had high relevance, Covid-19 and the resulting lock-downs have further highlighted the importance of business continuity.

First of all, we want to thank the global team of experts that created the 2019 version of ISO 22301. The process can be quite taxing, consisting of endless hours of reading drafts and many hours in online meetings debating draft comments. Additionally, the team met face to face in London, Sydney, Stavanger and Delft. As project leader, Saul Midler (co-author of this handbook) led the team with the following key principle: We write for the novice reader. This recognizes that the vast majority of standard readers are not experts and need clarity on how to protect their business and livelihood from any type of disruption.

We wish to thank our colleagues/team partners in ISO/TC 292 WG 2, in MB 025 WG 2 and in DIN NA 1750005 GA (the Australian and the German mirror committee to ISO/TC 292 WG 2) who have provided technical, administrative and moral support.

Special thanks to Beuth Publishers and Dr. Thilo Hasse for attending to the writing of this handbook. Thank you to Geoff Olsen and Juliet Viney (MBCI) for their valuable editorial advice, as well as Marlies Quint for proofreading our text. Thank you to Steve Mellish (Hon FBCI) for writing the preface and setting the tone for the handbook.

Finally, we are most grateful to our families in Berlin and Melbourne for supporting us and enduring our hours online, in the car on the phone and on the computer writing, discussing, challenging and wordsmithing until we reached agreement. Without their special support, this handbook would not have been possible.

Berlin and Melbourne, in November 2020

Frank Herdmann and Saul Midler

Danksagung

Seit ihrer Veröffentlichung im Jahr 2012 hat die ISO 22301 ein global akzeptiertes Rahmenwerk für ein Steuerungssystem zur Aufrechterhaltung der Betriebsfähigkeit (Business Continuity Management System »BCMS«) zur Verfügung gestellt. Eine weltweite Gemeinschaft von mehr als 50 Business Continuity Experten hat zwei Jahre ihrer wertvollen Zeit zur Verfügung gestellt, um die ISO 22301:2012 zu überarbeiten. Dieses Projekt gipfelte in der Veröffentlichung der ISO 22301:2019 im Oktober 2019. Die Norm war immer von hoher Bedeutung, aber COVID-19 und die daraus folgenden Lockdowns haben die Bedeutung der Aufrechterhaltung der Betriebsfähigkeit weiter herausgehoben.

Als Erstes wollen wir dem globalen Team von Experten danken, das die Version der ISO 22301 von 2019 erarbeitet hat. Der Prozess kann sehr anstrengend sein. Es hat allen Beteiligten Stunden gekostet, die sie mit dem Lesen von Entwürfen und in Online-Konferenzen verbracht haben, in denen die Entwurfsdokumente ausgewertet wurden.

Zusätzlich hat sich das Team in London, Sidney, Stavanger und Delft getroffen. Als Projektleiter hat Saul Midler (Mitautor dieses Buches) das Team nach folgendem Kernprinzip geführt: Wir schreiben für den Neuling im BCMS. Damit wird dem Rechnung getragen, dass die überwiegende Mehrheit der Leser von Normen keine Experten sind und Klarheit darüber benötigen, wie sie ihr Geschäft und ihre Existenzgrundlage vor jeglicher Art von Störung schützen können.

Wir wollen unseren Kollegen und Team-Partnern in der ISO/TC 292 WG 2, in MB 025 WG 2 und im DIN NA 1750005 GA (dem australischen und deutschen Spiegelgremium zur ISO/TC 292 WG 2) danken, die technische, inhaltliche und moralische Unterstützung geleistet haben.

Besonderer Dank gilt unserem Verleger Beuth und Dr. Thilo Hasse für die besondere Betreuung dieses Handbuchs. Danke an Geoff Olsen und Juliet Viney (MBCI) für ihren wertvollen Rat als Editoren und Marlies Quint fürs Korrektorat. Dank auch an Steve Mellish (Hon FBCI), der mit seinem Vorwort den Auftakt für das Handbuch bereitgestellt hat.

Wir sind unseren Familien in Berlin und Melbourne für ihre Unterstützung äußerst dankbar. Sie haben uns in Online-Konferenzen, im Auto am Mobiltelefon und am Computer beim Schreiben sowie beim Hinterfragen und Optimieren des Textes und beim Diskutieren, bis wir uns einig waren, ertragen. Ohne ihre besondere Unterstützung wäre dieses Handbuch nicht möglich gewesen.

Berlin und Melbourne, im November 2020

Frank Herdmann und Saul Midler

Index

Inhaltsverzeichnis

Case studies JWC

Fallstudie JWC

1 Abbreviations

BIA

business impact analysis – processof analyzing the impact over time of a disruption on the organization

BC

business continuity – capability of an organization to continue the delivery of products and services within acceptable time frames at predefined capacity during a disruption

BCM

business continuity management

process of implementing and maintaining business continuity

BCMS

business continuity management – see BC and MS

BCP

business continuity plan

documented procedures that guide an organization to respond to a disruption and resume, recover and restore the delivery of products and services consistent with its business continuity objectives

BRT

Business Recovery Team – operative team, implementing recovery plans and reporting to IMT

CMT

Crisis Management Team

EPC

Event driven process chain – method of designing graphical figures of business processes developed by Prof. Scheer at the Saarland University

EPK

See EPC

1 Abkürzungsverzeichnis

BIA

Business Impact Analyse – Analyse der Auswirkungen [einer Störung] auf das Geschäft

BC

Business Continuity – Aufrechterhaltung der Betriebsfähigkeit

BCM

Business Continuity Management – Steuerung der Aufrechterhaltung der Betriebsfähigkeit

BCMS

Business Continuity Management System – Steuerungssystem zur Aufrechterhaltung der Betriebsfähigkeit

BCP

Business Continuity Plan

Dokumentierte Verfahren, die eine Organisation dabei leiten, auf eine Störung zu reagieren und den Betrieb fortzusetzen, sich von der Störung zu erholen und die Lieferung von Produkten und Diensten in Übereinstimmung mit den BC-Zielen wiederherzustellen

BRT

Business Recovery Team – operatives Team, das die Wiederherstellungspläne umsetzt und an das IMT berichtet

CMT

Sogenanntes Crisis Management Team – Team für die strategische Steuerung während einer Störung des Betriebes

EPC

Siehe EPK

EPK

Ereignisgesteuerte Prozesskette – von Prof. Scheer an der Universität des Saarlandes entwickelte Modulationsmethode zur grafischen Darstellung von Geschäftsprozessen

Hon FBCI

Honorary Fellow of BCI (Business Continuity Institute – https://www.thebci.org/)– highest commendation the organization awards

ICT

Information and Communication Technology

IMT

Incident Management Team

ISO

International Organization for Standardization; a non-governmental international organization of the national standards bodies (https://www.iso.org/home.html)

ISO xxxxx

xxxxx represents a designation (i.e. number) assigned to every standard as a unique identifier or reference

ISO/TC 292

ISO Technical Committee 292 *Security and resilience* responsible for standardization in the field of Security to enhance the safety and resilience of society

ISO/TC 292 WG 2

Working Group 2 of TC 292 titled *Continuity and organizational resilience* responsible for drafting of standards in the field of continuity and organizational resilience including the revision of ISO 22301

IT

Information technology

ITK

See ICT

IWA xx

International Workshop Agreement – Documents normally with recommendations developed outside the system of the ISO committees which will be automatically withdrawn after a maximum of 6 years, unless it is transformed into a classical ISO deliverable

JWC

John Wood Carpenter – Fictional business defined for the purpose of the Handbook's case study.

Hon FBCI

Fellow hc (ehrenhalber) des BCI (Business Continuity Institut – https://www.thebci.org/) – Höchste Auszeichnung, die die Organisation vergibt

ICT

siehe ITK

IMT

Incident Management Team – Störfallmanagementteam, das als taktisches Team auf Zwischenfälle reagiert

ISO

International Organisation for Standardisation – internationale Dachorganisation der nationalen Normungsinstitute (https://www.iso.org/home.html)

ISO xxxxx

Norm

ISO/TC 292

ISO Technisches Komitee Nr. 292 Security and resilience, zuständig für die Normung zur Stärkung von Sicherheit und Resilienz der Gesellschaft

ISO/TC 292 WG 2

Arbeitsgruppe 2 des Technischen Komitees 292 mit dem Titel Continuity and organizational resilience verantwortlich für Normen im Bereich Continuity und organisatorischer Resilienz einschließlich der Revision der ISO 22301

IT

Informationstechnologie

ITK

Informations- und Kommunikationstechnologie

IWA xx

International Workshop Agreement – Dokument mit Richtlinien, das außerhalb des normalen ISO Systems entwickelt wird und nach maximal 6 Jahren automatisch zurückgezogen wird, sofern es nicht in ein klassisches ISO-Dokument überführt wird

JWC

John Woods Möbeltischlerei – fiktives Unternehmen für die Fallstudie des Handbuchs entwickelt

MS

Management System – set of interrelated or interacting elements of an organization to establish policies and objectives and processes to achieve those objectives

MSS

Management System Standard – document that describes a management system

MTPD

Maximum Tolerable Period of Disruption

the time frame within which the impacts of not resuming activities would become unacceptable to the organization

PDCA

Plan-Do-Check-Act – management cycle to implement, maintain and continually improve the effectiveness of an organization's MS.

RA

Risk Assessment

RPO

Recovery Point Objective – point to which information used by an activity is restored to enable the activity to operate on resumption

RTO

Recovery Time Objective – time frame within the MTPD for resuming disrupted activities at a specified minimum acceptable capacity

MS

Management System – System zur Steuerung der miteinander verknüpften Teile des Geschäftes zur Erreichung der Unternehmensziele

MSS

Managementsystemnorm der ISO

MTPD

Maximum Tolerable Period of Disruption – maximal zulässige Dauer einer Störung

PDCA

Plan – Do – Check – Act: Planen – Durchführen – Prüfen – Handeln ist ein iteratives Steuerungskonzept in vier Schritten zur fortlaufenden Verbesserung in der Unternehmenswelt, das von W.E. Deming bekannt gemacht wurde

RA

Risk assessment – Risikobeurteilung (Teilprozess im Risikomanagement)

RPO

Recovery Point Objective (Planziel für den Wiederherstellungspunkt – die Aktualität der Ressource)

RTO

Recovery Time Objective – Planziel für die Dauer der Wiederherstellung [einer Ressource oder Aktivität]

2 Preface

This handbook stems from the authors' desire to set out a pragmatic and relevant guide to implementing a technical standard, in this case ISO 22301:2019 Security Resilience – Business Continuity Management Systems – Requirements. What is unique about this handbook is the relatable 'case study' that runs throughout joining up the whole process of implementing ISO 22301:2019. It truly "brings it all to life".

I know from experience that when starting out on the journey of implementing a BCMS (business continuity management system), the prospect can feel rather daunting. Indeed, some might say that the BCMS itself can feel rather dry and academic in nature. However, viewed in another way it can also lead to greater enlightenment and understanding of how a business, your business, really works and what makes it tick. There is no doubting the range of benefits that can be realised from establishing the BCMS and then achieving certification. In the case of ISO 22301:2019 this includes more effective risk mitigation for events that can lead to a serious disruption to business operations. This could ultimately lead, if not managed effectively, to irreparable damage to the company's brand and reputation. On a more positive note, I know from experience that being certified can also lead to an increased likelihood in gaining new customers as well as retaining existing business. In essence it provides a high-quality and consistent approach in protecting your business from unplanned or unforeseen events in pursuit of achieving its strategy and goals.

The co-authors, Saul Midler Honorary FBCI and Dr. Frank Herdmann have a wealth of knowledge and experience in international standards. I should also add that Saul has the added benefit of being a well-seasoned business continuity professional with many years of practical experience to back up all of the theory. Indeed, Saul was invited by ISO in 2017 to lead the global project to review and update the original 2012 version of ISO 22301, which is how Saul and Frank started their collaboration.

This handbook successfully lays out an 'easy to follow' approach in how to implement ISO 22301's requirements in a well-structured and relatable fashion. At each stage in the process the 'case study' that runs throughout the handbook, brings to life the actions needed and the resulting outcomes. This handbook goes a long way to significantly reduce the daunting prospect of where to start, what to prioritise and most importantly when to finish; satisfied that your objectives will have been successfully achieved.

2 Vorwort

Dieses Handbuch hat seinen Ursprung in dem Wunsch der Autoren, einen pragmatischen und sachdienlichen Leitfaden zur Implementierung einer technischen Norm (hier die ISO 22301:2019 Security and Resilience – Business Continuity Management Systems – Requirements) auf den Weg zu bringen. Einzigartig an diesem Handbuch ist die alle Abschnitte des Buches begleitende Fallstudie, die durchgängig den ganzen Prozess der Implementierung der ISO 22301:2019 begleitet. Das macht alles wahrhaft lebendig.

Ich weiß aus Erfahrung, dass der Prozess sich recht einschüchternd darstellen kann, wenn man sich auf den Weg der Implementierung eines BCMS (Steuerungssystems zur Aufrechterhaltung der Betriebsfähigkeit) macht. Tatsächlich mag manch einer vorbringen, dass das BCMS selbst sich recht trocken und akademisch anfühlen kann. Allerdings kann es von einem anderen Blickwinkel auch zu größerer Erleuchtung und besserem Verständnis führen, wie ein Geschäftsbetrieb, Ihr Geschäft, wirklich funktioniert und was ihn bewegt. Es gibt keinen Zweifel an dem Nutzen, der aus der Einrichtung des BCMS und der nachfolgenden Zertifizierung gezogen werden kann. Im Fall der ISO 22301:2019 schließt das effiziente Risikoreduzierung bei Ereignissen ein, die zu ernsthaften Störungen der Geschäftstätigkeit führen könnten. Das könnte, wenn nicht wirksam gesteuert, am Ende zu irreparablem Schaden an der Marke und dem Ruf des Unternehmens führen. Ich weiß aus Erfahrung, dass zertifiziert zu sein zu einer größeren Wahrscheinlichkeit führen kann, sowohl neue Kunden zu gewinnen als auch bestehende zu halten. Im Wesentlichen beschreibt ISO 22301:2019 einen konsequenten Ansatz von hoher Qualität zum Schutz Ihres Unternehmens vor ungeplanten oder unvorhergesehenen Zwischenfällen bei der Verfolgung von Strategie und Zielen.

Die beiden Autoren, Saul Midler FBCI h.c. und Dr. Frank Herdmann haben umfangreiches Wissen und Erfahrung zu internationalen Normen. Ich sollte ergänzen, dass Midler die Vorteile eines bewährten Business Continuity Experten mit vielen Jahren praktischer Erfahrung zur Untermauerung der ganzen Theorie mitgebracht hat. In der Tat wurde er 2017 von ISO eingeladen, das globale Projekt zur Überarbeitung und Aktualisierung der originalen Fassung der ISO 22301 aus dem Jahr 2012 zu leiten. Dabei haben Midler und Herdmann ihre Zusammenarbeit angefangen.

Dieses Handbuch stellt erfolgreich einen einfachen Weg zur Umsetzung der Anforderungen der ISO 22301 in einer gut strukturierten Art und Weise zur Verfügung. In jeder Phase des Prozesses bringt die Fallstudie, die sich durch das Handbuch zieht, Leben in die erforderlichen Maßnahmen und die resultieren-

I firmly believe that this handbook will not only enable you to implement your BCMS but also achieve certification. It will enrich your personal knowledge and awareness of how your business actually works; how things 'fit together'. This might even inspire you to seek further opportunities within your organization to increase its resilience still further.

Letchworth Garden City, November 2020

Steve Mellish Hon FBCI
Former global Chair of the Business Continuity Institute
Managing Director of Mellish Risk and Resilience LTD.
Letchworth Garden City, Hertfordshire, UK

den Ergebnisse. Das Handbuch bemüht sich nach Kräften, die einschüchternde Perspektive der Fragen zu mindern, wo zu beginnen, was zu priorisieren und, am wichtigsten, wann aufzuhören ist, weil die Ziele erreicht wurden.

Ich bin der festen Überzeugung, dass dieses Handbuch dem Leser nicht nur ermöglichen wird, sein BCMS einzuführen, sondern auch zertifiziert zu werden. Es wird den Wissensschatz erweitern und das Bewusstsein darüber, wie das eigene Unternehmen tatsächlich funktioniert, wie die Elemente zusammenpassen. Das könnte sogar dazu anregen, nach weiteren Chancen in der Organisation zu suchen, um die Widerstandsfähigkeit (Resilienz) noch weiter zu stärken.

Letchworth Garden City, November 2020

Steve Mellish Hon FBCI
Vorsitzender der globalen Dachorganisation des BCI a.d.
Geschäftsführer der Mellish Risk and Resilience Limited
Letchworth Garden City, Hertfordshire, GB

3 Introduction

3.1 Business Continuity

Organizations of all types and sizes are vulnerable to disruption. Disruptions are events, whether anticipated or unanticipated that cause an unplanned, negative deviation from the expected delivery of products or services according to the organization's objectives[1].

Disruption can strike an organization at any time. Floods, cyber-attacks, ICT breakdowns, supply chain issues or loss of skilled staff are just some of the possible threats to the smooth running of an organization. If not addressed effectively, they can cause disruption or worse, business failure. Structured planning for responding to disruption delivers a more effective response and a quicker recovery. The key objective is to ensure that prioritized activities can continue to provide products and services within acceptable time frames at acceptable capacities. To achieve this, the organization should implement and maintain a Business Continuity Management System (»BCMS«).

A BCMS is part of good governance of an organization. It is listed as a relevant management discipline in Annex A to ISO 22316 Security and resilience — Organizational resilience — Principles and attributes. When well designed, implemented and maintained, the BCMS strengthens the organization's resilience. In 2020, this sadly became more than obvious in the wake of the COVID-19 crisis with governments around the world shutting down their communities by implementing pandemic restrictions. Even though most incidents are small, they can incur a significant impact. This is what makes Business Continuity relevant. By now there is a global awareness that organizations in public and private sectors must know how to prepare for and respond to unexpected and disruptive incidents.

Increasing complexity of structures and processes of organizations and the decreasing lifecycle of products and services raises the pressure on organizations to operate more efficiently and to drive change to the way products and services are delivered. Strategies, such as outsourcing and justintime manufacturing can result in greater dependencies on local and international supply chains. At the same time this introduces new risks and new challenges. Traditionally, when considered by top management, Business Continuity has been undertaken via a stand-alone process. Today, internationally accepted good practice requires two key attributes:

1 See ISO 22301:2019, clause 3.12

3 Einleitung

3.1 Aufrechterhaltung der Betriebsfähigkeit

Organisationen aller Art und Größe sind anfällig für Betriebsstörungen. Dies sind Ereignisse, die vorhergesehen oder unvorhergesehen eine ungeplante, negative Abweichung von der erwarteten Abgabe von Produkten oder Dienstleistungen in Übereinstimmung mit den Zielen der Organisation verursachen.[1]

Zwischenfälle können eine Organisation jederzeit stören. Überschwemmungen, Angriffe aus dem Internet, ITK-Zusammenbrüche, Lieferkettenprobleme oder der Verlust qualifizierten Personals sind nur einige der möglichen Gefahren für einen reibungsfreien Betrieb der Organisation. Wenn sie nicht wirksam behandelt werden, können sie Betriebsstörungen oder sogar Betriebszusammenbrüche verursachen. Konsequente Planung, was im Fall einer Störung zu tun ist, bedeutet eine wirksamere Reaktion und eine schnellere Erholung. Das wichtigste Ziel ist die Sicherstellung, dass priorisierte Aktivitäten Produkte und Dienstleistungen innerhalb akzeptabler Zeiträume und Kapazitäten bereitstehen. Um das sicherzustellen, sollte jede Organisation ein System zur Steuerung der Aufrechterhaltung der Betriebsfähigkeit (Business Continuity Management System – BCMS) implementieren und pflegen.

Ein BCMS ist Teil guter und verantwortungsvoller Unternehmensführung. Es ist als relevantes Steuerungselement im Anhang A zur ISO 22316 Security and resilience – Organisational resilience – Principles and attributes aufgeführt. Gut konzipiert, implementiert und gepflegt stärkt es die Belastbarkeit der Organisation. Das ist 2020 leider im Gefolge der COVID-19-Krise mehr als deutlich geworden. Von den meisten Staaten wurde in diesem Zusammenhang das öffentliche Leben mittels von Auflagen aufgrund der Pandemie stillgelegt. Auch wenn die meisten Zwischenfälle klein sind, können sie eine bedeutende Auswirkung haben. Das macht die Steuerung zur Aufrechterhaltung der Betriebsfähigkeit (Business Continuity Management – BCM) zu jeder Zeit wichtig. Inzwischen gibt es ein globales Bewusstsein, dass Organisationen im öffentlichen und privaten Sektor wissen müssen, wie sie sich auf unerwartete Störfälle vorbereiten und auf diese reagieren.

Wachsende Komplexität von Strukturen und Prozessen von Organisationen und verkürzte Lebenszyklen von Produkten und Dienstleistungen erhöhen den Druck auf Organisationen, effizienter zu arbeiten und den Wandel bei der Lieferung von Produkten und Dienstleistungen voranzutreiben. Strategien wie die

1 Siehe ISO 22301:2019, Abschnitt 3.12

1) A management system that ensures Business Continuity continually reflects the ongoing and changing needs of the organization
2) Integration with other management systems such as Quality, Compliance, Information Security, Occupational Health and Safety etc. with an approach based on Managing Risk to operate a holistic and more resilient outcome for the organization.

ISO (the International Organization for Standardization) provides a collection of Management System Standards (»MSS«) which will support the design, implementation, and integration of management systems. A management system is the way in which an organization manages the interrelated parts of its business in order to achieve its objectives. For ease of use, ISO MSSs have the same structure and contain many of the same terms and definitions, and requirements. ISO's MSSs[2] are among the most widely used and recognized documents published by ISO.

Case Study Introduction

John Wood the Carpenter (»JWC«) is a case study inserted throughout this handbook to illustrate how to design and implement the requirements of ISO 22301. JWC bridges the theory to the practical by providing real-world thinking and examples.

John Wood runs a carpentry business in a midsize town. He started some 20 years ago from a store with a small workshop behind. Over time his craftsmanship and designs increased in popularity and his business grew. He now employs fortynine people and his business is doing well. John is successful as he applies some basic management principles to his organization.

2 See the list on the ISO Website: https://www.iso.org/management-system-standards-list.html

Auslagerung von Prozessen und die Just-in-time-Produktion können größere Abhängigkeiten von lokalen und internationalen Lieferketten nach sich ziehen. Gleichzeitig entstehen dadurch neue Risiken und Herausforderungen. Traditionell wurde die Aufrechterhaltung der Betriebsfähigkeit aus dem Blickwinkel der obersten Unternehmensleitung als Einzelprozess gesehen. Heute verlangt gute und verantwortungsvolle Unternehmensführung zweierlei:

1) Ein Steuerungssystem zur Aufrechterhaltung der Betriebsfähigkeit spiegelt fortlaufend die laufenden und sich ändernden Bedürfnisse der Organisation wider.

2) Die Integration mit anderen Systemen der Unternehmensführung, wie Qualität, Compliance, Informationssicherheit, Sicherheit und Gesundheit bei der Arbeit etc. mit einem auf Risikomanagement basierenden Ansatz, um ein holistisches und belastbares Ergebnis für die Organisation zu bewirken.

ISO (International Organization for Standardization) stellt eine Reihe von Managementsystemnormen (Management System Standards – »MSS«) für die Entwicklung, Umsetzung und Integration von Systemen zur Unternehmensführung zur Verfügung. Ein solches System bestimmt die Art und Weise, in der eine Organisation die in Wechselbeziehungen stehenden Teile ihres Geschäfts steuert, um ihre Ziele zu erreichen. Zur einfacheren Nutzung haben alle MSS der ISO die gleiche Struktur und enthalten vielfach die gleichen Begriffe, Definitionen und Anforderungen. ISOs MSS[2] gehören zu den meistgenutzten und anerkannten Dokumenten, die ISO veröffentlicht.

Fallstudie Einführung

John Wood der Möbeltischler (»JWC«) ist eine Fallstudie, die im ganzen Handbuch eingeschoben ist, um zu illustrieren, wie die Anforderungen der DIN EN ISO 22301 gestaltet und eingeführt werden. JWC überbrückt Theorie und Praxis, indem die Denkmuster der realen Welt und Beispiele dargestellt werden.

John Wood hat eine Möbeltischlerei in einer Mittelstadt. Er hat sie vor ca. 20 Jahren mit einem Laden und einer kleinen Werkstatt dahinter gegründet. Mit den Jahren hat sich sein handwerkliches Können und seine Gestaltung an

2 Vergleiche die Liste auf der ISO Website: https://www.iso.org/management-system-standards-list.html

In the early days, John identified that the business needed to be more focused in a way that would differentiate him. He decided to target shops, bars and restaurants with functional and solid free-standing and built-in custom-made furniture. His decision was based on market research, particularly with the owners of these types of businesses. While some preferred to go to large furniture stores, others preferred custom-made products and personalized support.

With this in mind, John set some basic business objectives. He defined an organizational structure to achieve these objectives and to satisfy his clients. As his business grew, John made changes to the way his business operated and its structure. Over time, John came to realize that business success was strongly linked to understanding the needs of various groups of interested parties – both internal and external to the business.

Today, John's business structure operates the following functional areas:

- Marketing and sales
- Production (manufacturing)
- Delivery (incl. assembly) and after sales support
- Back office

John is an intelligent and experienced businessman. As the business has grown, he recently recognized that he needs to introduce more formal business structures than he originally needed. When he had only a few employees, weekly planning was easy and almost automatic. Now, with fortynine employees, John has to consider a more formalized way of planning and allocating work. He looks to the ISO Management System Standards to provide structure and guidance for a systematic approach.

Over time, John has seen many news reports of similar sized manufacturing companies that went out of business due to a variety of disasters. The recent loss of a clothing manufacturer to fire became a decision point for John. He decided to give priority to the implement of ISO 22301 – *Security and resilience – Business continuity management systems – Requirements*. John needs his business to be prepared for any type of disruption. Recognizing that Business Continuity is a specialist discipline, John decided to look for a consultant willing and able to support him on his journey. He settled on an independent consultant with business continuity accreditation and affordable rates. Of particular interest to John, she specialized in advising small and midsize manufacturing businesses like his.

Popularität gewonnen und sein Geschäft ist gewachsen. Jetzt hat er 49 Beschäftigte und seinem Unternehmen geht es gut. John ist erfolgreich, da er einige grundlegende Steuerungsprinzipien in seiner Organisation anwendet. Sehr früh hat John gemerkt, dass das Unternehmen sich konzentrieren muss, um sich von anderen abzuheben. Er entschied sich, Läden, Bars und Restaurants als Zielkundschaft zu wählen und dieser funktionale und solide, frei stehende und eingebaute, individuell gefertigte Möbel anzubieten. Seine Entscheidung beruhte auf einer Marktstudie, insbesondere unter Betreibern dieser Unternehmen. Während einige lieber zu großen Möbeldiscountern gingen, haben andere maßgefertigte Produkte und persönliche Beratung bevorzugt.

Dies im Hinterkopf habend, hat John einige Geschäftsziele festgelegt. Er definierte eine Aufbaustruktur, um diese Ziele zu erreichen und seine Kunden zufriedenzustellen. Als sein Unternehmen größer wurde, hat John Abläufe und Unternehmensstruktur angepasst. Mit der Zeit erkannte er, dass sein geschäftlicher Erfolg eng damit zusammenhing, dass er die Anforderung der verschiedenen Gruppen interessierter Parteien – sowohl internen als auch externen – verstand.

Inzwischen gibt es die folgenden Funktionsbereiche in Johns Unternehmen:

- Werbung und Verkauf
- Produktion
- Lieferung (inkl. Zusammenbau) und Kundendienst
- Abwicklung

John ist ein intelligenter, gut ausgebildeter Geschäftsmann. Er hat kürzlich erkannt, dass formellere Strukturen, als ursprünglich gedacht, erforderlich sind. Solange er nur wenige Mitarbeiter hatte, war die Wochenplanung einfach und ging fast automatisch. Jetzt mit 49 Angestellten muss John einen formaleren Weg der Planung und Aufgabenverteilung beachten. Er sieht sich die Managementsystemnormen der ISO und des DIN an, um Struktur und Empfehlungen für einen systematischen Ansatz zu finden.

Mit der Zeit hat John viele Nachrichten über durch unterschiedliche Katastrophen verursachte Betriebseinstellungen ähnlich großer Unternehmen gesehen. Der Verlust eines Bekleidungsherstellers aufgrund eines Feuers wird zur Entscheidungsbasis für John. Er entscheidet, der Umsetzung der DIN EN ISO 22301 – Sicherheit und Resilienz – Business Continuity Management System – Anforderungen Priorität zu geben. Er will sein Unternehmen

The benefits to an organization of an effective management system include:

- More efficient use of resources
- Improved management of risk
- Improved protection of people and the environment
- Increased capability to deliver consistent services and products,

thereby creating and protecting value and increasing resilience of the organization.

MSSs are developed through global collaboration between technical and management experts under a structured process, designed and facilitated by ISO. Each participating country contributes to the development or revision of content over a defined timetable. To ensure that ISO Standards remain contemporary they are required to be reviewed every 5 years. They are based on consensus of the experts; designed to be read by laypersons for adoption and implementation by any organization, large or small.

auf alle Arten von Störungen vorbereiten. In der Erkenntnis, dass die Aufrechterhaltung der Betriebsfähigkeit ein Wissensgebiet für Spezialisten ist, entscheidet er, einen Berater zu suchen, der willens und in der Lage ist, ihn auf diesem Weg zu unterstützen. John entscheidet sich für eine unabhängige Beraterin mit Erfahrung in Business Continuity, die ein bezahlbares Honorar verlangt. Besonders wichtig ist ihm, dass sie auf die Beratung kleiner und mittlerer produzierender Unternehmen spezialisiert ist.

Zu den Vorteilen eines wirksamen Systems zur Unternehmensführung für eine Organisation zählen:

- die effizientere Nutzung von Ressourcen,
- ein besserer Umgang mit Risiken,
- ein besserer Schutz von Mensch und Umwelt,
- eine stärkere Fähigkeit gleichbleibende Dienste und Produkte zu liefern

und dabei Werte zu schaffen und zu schützen und die Belastbarkeit der Organisation zu erhöhen.

Managementsystemnormen sind das Ergebnis des Einvernehmens von Experten im Bereich der Technik und der Unternehmensleitung, die in einem strukturierten, von der ISO entwickelten und bereitgestellten Prozess global zusammenarbeiten. Jedes mitwirkende Land trägt zur Entwicklung oder Überarbeitung des Inhalts in einem definierten Zeitrahmen bei. Um sicherzustellen, dass ISO Normen nicht an Aktualität verlieren, müssen sie alle 5 Jahre überprüft werden. Sie basieren auf dem Konsens der Experten und sind darauf ausgelegt, von Laien gelesen zu werden, um bei einer Organisation übernommen und implementiert zu werden, unabhängig davon, ob diese groß oder klein ist.

Case Study JWC Part 1

Management System Standards (»MSS«):

Organizational structure and resources & establishing the systems approach

The consultant meets with John to understand the size and structure of his business. John takes her on a tour of the business including the workshop. On their walk, John says that he is the sole owner. He is responsible for making major business decisions, managing communications, overseeing marketing and sales performance, and coordinating production.

They return to John's office to discuss the organizational structure.

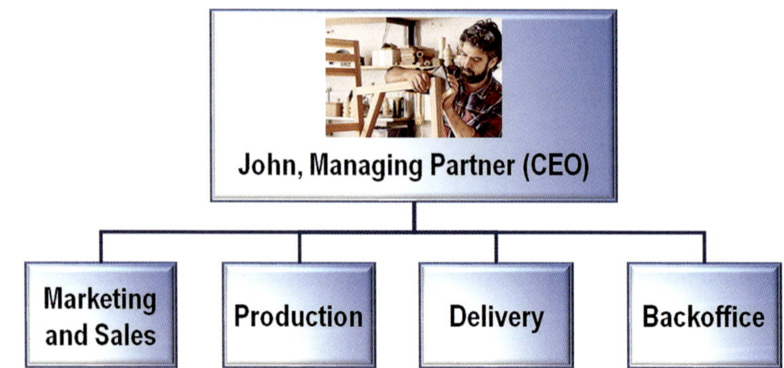

Figure CS.01: John's Organization

The consultant makes the following notes:

- four teams of five carpenters and an apprentice responsible for production
- each team has a master craftsman who also acts as team leader
- two delivery teams of three workers responsible for delivery and assembly (supported by the carpenters or apprentices) as well as servicing (e.g. repairs)
- each delivery team includes one driver who also acts as team leader

Fallstudie JWC Teil 1

Managementsystemnormen (»MSS«):

Aufbau- und Ablauforganisation und Ressourcen sowie Einführung eines Systemansatzes

Die Beraterin trifft sich mit John, um die Größe und Struktur seines Unternehmens kennenzulernen. John zeigt ihr das Unternehmen einschließlich der Werkstatt. Bei der Besichtigung erklärt er, dass er der einzige Inhaber ist. Er zeichnet für die wichtigen Entscheidungen, die Kommunikation, die Überwachung von Werbung und Verkauf sowie die Koordination der Produktion verantwortlich.

Sie kehren in Johns Büro zurück, um die organisatorische Struktur (Abbildung FS.01) zu besprechen.

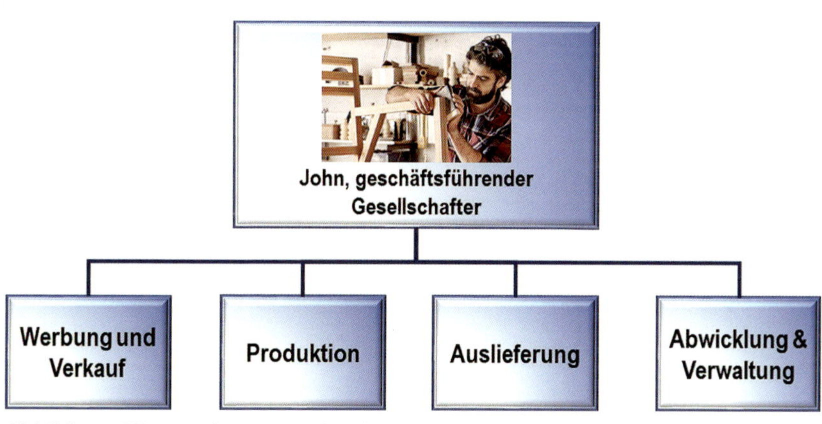

Abbildung FS.01: Johns Organisation

Die Beraterin macht sich die folgenden Notizen:

- vier Teams mit je 5 Möbeltischlern und Auszubildenden sind verantwortlich für die Produktion;
- jedes Team wird von einem Meister geleitet;
- zwei Teams mit je drei Arbeitern sind für die Auslieferung und den Zusammenbau (ggf. von den Tischlern oder Lehrlingen unterstützt) sowie für den Kundendienst (z. B. Reparaturen) zuständig;

- a marketing and sales team of ten including a team lead. The marketing and sales team are also responsible for staffing/operating the show room.
- a back-office team of eight, including a team lead and an apprentice. The team is responsible for procurement (ordering stock), accounts payable and receivable, payroll, and supporting John and all teams in their business activities.
- The IT-Manager, responsible for the ICT systems of the company including managing its website, is also a back-office staff member.

During the conversation, the consultant identifies and notes that the business requires a range of resources to operate smoothly, including:

- materials needed in production such as timber, hardware etc.
- plans and instructions for machine operations
- workshop with equipment, shop with displays and the delivery van
- bank account with sufficient funds to operate the business and for contingencies

To better assist the consultant with understanding JWC's activities, John provides her with the following process diagram (figure CS.02)

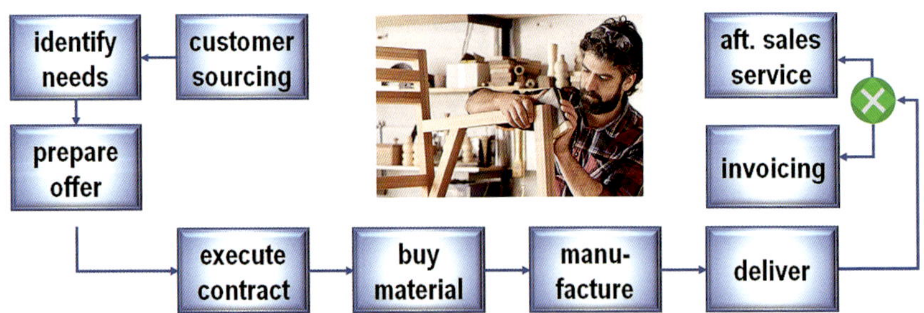

Figure CS.02: JWC's manufacturing process (simplified)

Together with JWC's resources the diagrams for the organizational structure (figure CS.01) and the process diagram (figure CS.02) will show JWC's initial simple management system (figure CS.03):

- jedes Auslieferungsteam hat einen Fahrer, der zugleich Teamleiter ist;
- ein Werbungs- und Verkaufsteam mit (einschließlich Teamleiter) 10 Mitarbeiterinnen und Mitarbeitern. Sie müssen zugleich den Verkaufsraum besetzen und betreiben;
- ein Abwicklungs- und Verwaltungsteam mit 8 Mitarbeitern einschließlich Teamleiter und Auszubildendem. Sie sind für Beschaffung, Buchhaltung, Gehaltsabrechnung, Rechnungen, Mahnungen und die Unterstützung von John und allen Teams bei den Geschäftsaktivitäten zuständig;
- ein Mitarbeiter des Verwaltungsteams ist der IT-Leiter, verantwortlich für die ITK-Systeme der Gesellschaft.

Während des Termins identifiziert die Beraterin und merkt an, dass das Unternehmen eine Reihe von Ressourcen/Hilfsmitteln benötigt, einschließlich:

- Material für die Produktion wie Holz etc.
- Pläne und Anleitungen für den Betrieb der Maschinen
- eine eingerichtete Werkstatt, einen Laden mit Ausstellung und das Lieferfahrzeug
- ein Bankkonto mit ausreichender Liquidität zum Betrieb des Geschäftes und für Notfälle.

Um der Beraterin ein besseres Verständnis der Aktivitäten von JWC zu geben, stellt John ihr das folgende Prozessdiagramm zur Verfügung (Abbildung FS 02).

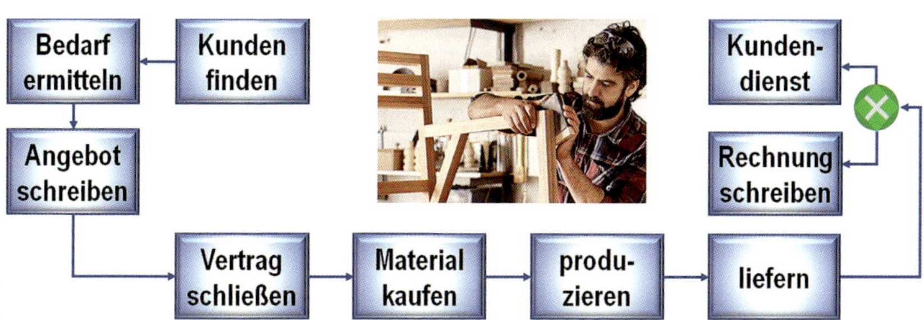

Abbildung FS.02: JWCs Produktionsprozess (vereinfacht)

Zusammen mit JWCs Ressourcen bilden die Abbildungen für die Aufbaustruktur (Abbildung FS.01) und für den Produktionsprozess (Abbildung FS.02) das ursprüngliche einfache Managementsystem (Abbildung FS.03) ab:

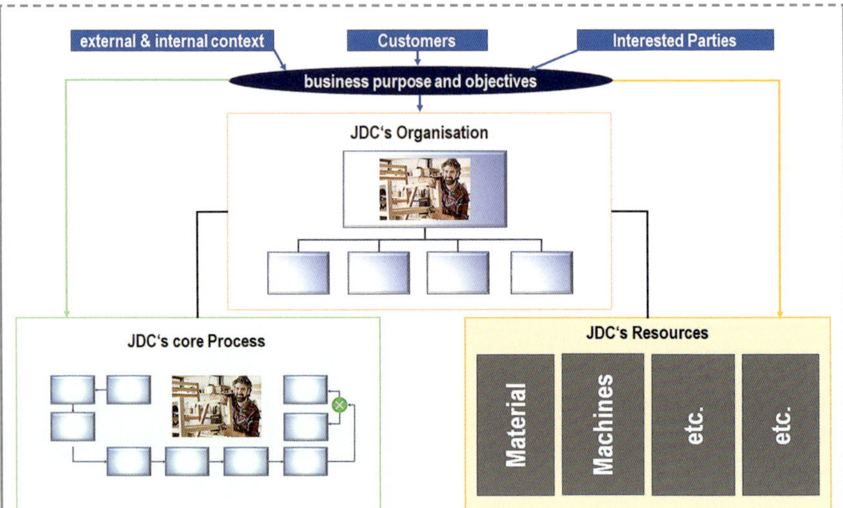

Figure CS.03: JWC's Management System

John explains that his business management priority was to pursue ISO 9001. He believes that Quality Management would make a significant difference to the way his business operates. However, John feels that there is a more pressing need to protect the business from disasters. This is why he has decided to defer the introduction of Quality Management in favour of implementing ISO 22301 – Business Continuity.

For Business Continuity, ISO provides a family of documents that typically fall into three categories: Standard, Guidance and Technical Specification. ISO 22301 is entitled: *Security and resilience — Business continuity management systems — Requirements*. It is the foundation standard for Business Continuity. It is supported by ISO 22313 *Security and resilience — Business continuity management systems — Guidance on the use of ISO 22301*. More indepth information and examples that provide greater understanding on Business Continuity Management is found in a suite of Technical Specifications (TS). These include ISO TS 22317 Business Impact Analysis and ISO TS 22331

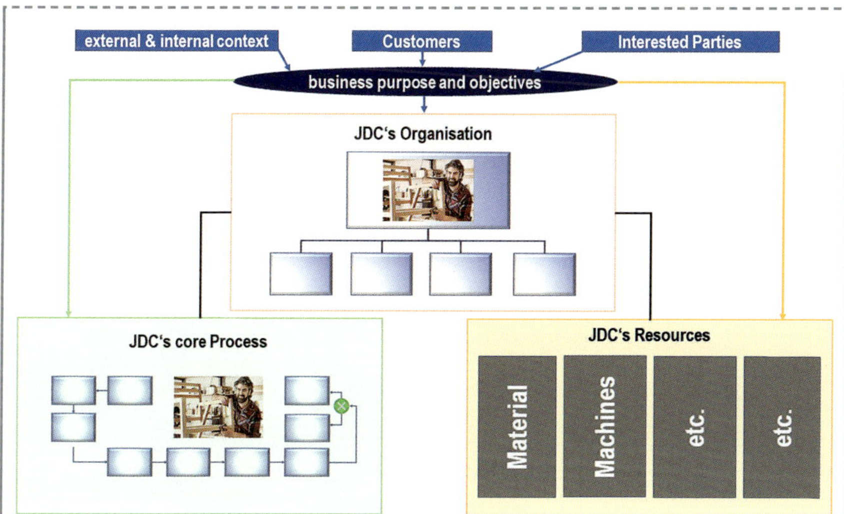

Abbildung FS.03: JWCs Management System

John erläutert, dass seine betriebliche Steuerungspriorität eigentlich die Anwendung der DIN ISO 9001 war. Er glaube, dass Qualitätsmanagement einen erheblichen Unterschied für den Betrieb seines Geschäfts bedeuten würde. Allerdings sei er zu dem Ergebnis gekommen, dass es dringender sei, sein Geschäft vor Katastrophen zu schützen. Daher habe er sich entschieden, die Einführung des Qualitätsmanagements zurückzustellen, um die DIN EN ISO 22301 – Business Continuity einführen zu können.

Für die Aufrechterhaltung der Betriebsfähigkeit stellt die ISO eine Reihe von Dokumenten zur Verfügung, die typischerweise einer von drei Kategorien zuzuteilen sind: Norm, Leitlinie und Technische Spezifikation. ISO 22301 trägt den Titel *Sicherheit und Resilienz – Business Continuity Management System – Anforderungen*. Sie ist die Basisnorm für die Aufrechterhaltung der Betriebsfähigkeit. Sie wird unterstützt von der ISO 22313 *Sicherheit und Resilienz – Business Continuity Management System – Anleitung zur Verwendung von ISO 22301*. Vertiefende Informationen und Beispiele, die ein umfänglicheres Verständnis für das BCMS enthalten, sind in mehreren Technischen Spezifikationen (TS) zu finden. Dazu gehören die ISO TS 22317 (Business Impakt Analyse) und die

Business Continuity Strategy. All these documents are under the responsibility of ISO Technical Committee 292 (ISO/TC 292).[3]

Each ISO management standards supports specific aspects of the way an organization operates. For example, the way an organization approaches risk can be supported by ISO 31000 (for more detail see the handbook *»Three steps starting Effective and Efficient Risk Management according to ISO 31000«*[4])

Figure 1: The integrated management system using ISO Management System Standards

For the integration of the requirements of more than one ISO MSS into one holistic integrated Management System see the ISO handbook »The integrated use of Management System Standards (IUMSS)« [5]

3 See the list of published standards for Business continuity management on the Website of ISO/TC 292: https://www.isotc292online.org/published-standards/

4 Three steps starting Effective and Efficient Risk Management https://www.beuth.de/en/publication/drei-schritte-zum-risikomanagement-nach-din-iso-31000/292256659

5 The integrated use of Management System Standards (IUMSS) https://www.iso.org/publication/PUB100435.html

ISO 22331 (Business Continuity Strategy). Diese Dokumente stehen alle in der Verantwortung des ISO Technischen Komitees 292 (ISO/TC 292).[3]

ISO Managementnormen unterstützen die Umsetzung spezifischer Aspekte des Managementsystems einer Organisation. Zum Beispiel kann die Art und Weise, in der die Organisation an Risiken herangeht, durch die ISO 31000 unterstützt werden (für Einzelheiten siehe das Handbuch *»Drei Schritte zum effektiven und effizienten Risikomanagement nach DIN ISO 31000«*[4]).

Abbildung 1: Ein integriertes Managementsystem basierend auf ISO Managementsystemnormen

Anleitungen zur Integration der Anforderungen mehrerer Managementsystemnormen in ein Managementsystem finden sich im ISO Handbuch *»Die integrierte Anwendung von Managementsystemnormen«*[5].

3 Vergleiche die Liste der veröffentlichten Normen zur Steuerung der Aufrechterhaltung der Betriebsfähigkeit auf der Website des ISO/TC 292: https://www.isotc292online.org/published-standards/

4 Drei Schritte zum effektiven und effizienten Risikomanagement https://www.beuth.de/en/publication/drei-schritte-zum-risikomanagement-nach-din-iso-31000/292256659

5 Die integrierte Anwendung von Managementsystemnormen https://www.iso.org/publication/PUB100435.html

3.2 ISO 22301:2019

When first published in 2012, ISO 22301 (the Standard) was the world's first International Standard for implementing and maintaining effective business continuity plans and capability. It is applicable to organizations in both the public and private sectors regardless of type, size and nature of business.

A two-year revision culminated in the publication of the second edition in October 2019 designated ISO 22301: 2019 (the »Standard«).

The Standard sets the requirements for organizations seeking certification of their BCMS. In doing so, it delivers business continuity appropriate to the amount and type of impact following a disruption that the organization may or may not accept.

The business continuity requirements are shaped by business attributes. These include legal, regulatory, organizational and industry factors, the organization's products and services, its size and structure, its processes and the needs of its interested parties.

Applying the Standard ensures that the organization can respond to, continue and resume its operations in a timely manner at an acceptable capacity during and after disruption. The causes of disruption may take many forms. They range from large scale natural disasters and acts of terrorism (cyber and physical), to technology-related failures and environmental incidents.

The benefits to the organization of a business continuity management system include:

- supporting its strategic objectives,
- reducing legal and financial exposure,
- reducing direct and indirect costs of disruption,
- better protecting life, property and environment,
- providing confidence in its ability to succeed during adverse conditions,
- demonstrating effective proactive control of operational risk to disruption and
- addressing operational vulnerabilities.

An effective BCMS enhances the organization's resilience.

3.2 ISO 22301:2019

Bei Erstveröffentlichung im Jahr 2012 war ISO 22301 weltweit die erste internationale Norm zur Umsetzung und Erhaltung wirksamer Pläne, Systeme und Prozesse zur Aufrechterhaltung der Betriebsfähigkeit. Die Norm ist sowohl im öffentlichen als auch im privaten Bereich und unabhängig von der Art, Größe und Beschaffenheit der Organisation anwendbar.

Eine zweijährige Überarbeitung endete mit der Veröffentlichung der zweiten Auflage im Oktober 2019 von ISO 22301:2019 (die »Norm«).

Die Norm legt die Anforderungen für Organisationen fest, die eine Zertifizierung ihres BCMS anstreben. Sie beschreibt die Aufrechterhaltung der Betriebsfähigkeit angepasst an Menge und Typ der Auswirkung, die die Organisation in der Folge einer Störung akzeptieren darf oder nicht.

Die Anforderungen an die Aufrechterhaltung der Betriebsfähigkeit werden durch die geschäftlichen Merkmale bestimmt. Diese schließen rechtliche, behördliche, organisatorische und Brancheneinflüsse sowie die Produkte und Dienstleistungen der Organisation und ihre Größe, Struktur, Prozesse und die Anforderungen ihrer interessierten Parteien ein.

Die Anwendung der Norm gewährleistet, dass die Organisation reagieren, ihre Geschäftstätigkeit während oder nach einer Störung fortsetzen oder in einem angemessenen Zeitraum und mit angemessener Kapazität wiederaufnehmen kann. Die Gründe für eine Störung kann viele Formen haben. Sie reichen von großen Naturkatastrophen und Terroranschlägen (im Internet oder physisch) bis hin zu technologiebezogenen Ausfällen und Umweltzwischenfällen.

Die Vorteile eines BCMS für die Organisation beinhalten:

- Unterstützung ihrer strategischen Ziele,
- Senkung der rechtlichen oder finanziellen Gefährdung,
- Reduzierung der direkten oder indirekten Kosten von Störungen,
- besserer Schutz für Leben, Eigentum und Umwelt,
- Zuversicht in das Vermögen, in schwierigen Umständen erfolgreich zu sein,
- wirksame und vorausschauende Kontrolle von operativen Risiken von Störungen und
- Befassung mit betrieblicher Schadensanfälligkeit.

Ein wirksames BCMS erhöht die Belastbarkeit der Organisation.

The scope of ISO 22301 is the specification of requirements to implement, maintain and improve a management system to protect against, reduce the likelihood of the occurrence of, prepare for, respond to and recover from disruptions when they arise.[6] The requirements specified in ISO 22301 are generic and the extent of their application depends on the organization's operating environment and complexity.

3.3 Terminology

Readers will note that the term Business Continuity Management (»BCM«) is not referenced in this handbook. This is in recognition that BCM is not referenced in the Standard. The ISO working group felt strongly about reducing the number of terms. They felt that it was important to clearly separate Business Continuity, (which relates to capability as detailed in section 8 of the Standard), from Business Continuity Management System (which relates to the overall programme of work as detailed in the rest of the standard).

Readers may be pleased to know that the term BCM has not been removed completely from the family of standards. It is used within ISO 22313 *Security and resilience — Business continuity management systems — Guidance on the use of ISO 22301* to describe the process for delivering the capability (i.e. Section 8 of the Standard) to continue the delivery of products and services within acceptable timeframes and predefined capacity during a disruption. In short, business continuity (»BC«).[7]

3.4 Rationale of this Handbook

The objective of this handbook is to provide a simplified view of how to implement a business continuity management system for smaller or midsize enterprises that either have no formal BCMS or have their business continuity programme not aligned to the philosophies and structures of the Standard. This handbook is not meant to provide perfect guidance down to the last detail, nor is it intended for large organizations with complex structures and business. There are more comprehensive publications available for those looking for detailed advice.

6 See ISO 22301:2019, clause 1

7 See ISO 22301:2019, clause 3.3

Der Anwendungsbereich der ISO 22301 besteht in der Festlegung von Anforderungen zur Durchführung, Aufrechterhaltung und Verbesserung eines Managementsystems zum Schutz gegen Störungen, zur Reduzierung der Wahrscheinlichkeit von Störungen, zur Vorbereitung auf und zur Reaktion und Erholung von Störungen, wenn sie auftreten.[6] Die in der ISO 22301 festgelegten Anforderungen sind allgemein und der Umfang ihrer Anwendung bemisst sich nach dem betrieblichen Umfeld der Organisation und ihrer Komplexität.

3.3 Fachbegriffe

Die Leser werden feststellen, dass der Begriff Steuerung der Aufrechterhaltung der Betriebsfähigkeit (Business Continuity Management – »BCM«) in diesem Handbuch nicht verwendet wird. Das stimmt damit überein, dass der Begriff in der hier behandelten Norm nicht vorkommt. Die Arbeitsgruppe der ISO hat große Anstrengungen unternommen, die Anzahl der Begriffe zu begrenzen. Ihre Mitglieder sahen es als wichtig an, Business Continuity (das sich auf die im Abschnitt 8 der Norm beschriebenen Fähigkeiten bezieht) von einem BCMS (das sich auf das gesamte im Rest der Norm beschriebene Arbeitsprogramm bezieht) zu unterscheiden.

Die Leser können zufrieden zur Kenntnis nehmen, dass der Begriff BCM nicht vollständig entfernt worden ist. Er wird in der ISO 22313 zur Beschreibung des Prozesses zur Bereitstellung der Fähigkeiten (d. h. Abschnitt 8 der Norm) benutzt, um die Lieferung von Produkten und Dienstleistungen innerhalb akzeptabler Zeiträume und zu definierten Kapazitäten während einer Störung fortzusetzen – das ist zusammengefasst die Aufrechterhaltung der Betriebsfähigkeit (BC).[7]

3.4 Grundprinzip dieses Handbuchs

Ziel des Handbuchs ist es, einen vereinfachten Überblick anzubieten, wie ein BCMS für kleinere oder mittlere Unternehmen, die entweder kein formales BCMS haben oder deren Programm zur Aufrechterhaltung der Betriebsfähigkeit nicht mit der Philosophie und Struktur der Norm übereinstimmt, umzusetzen ist. Dieses Handbuch strebt keine perfekte Anleitung bis ins letzte Detail oder für große Organisationen mit komplexen Strukturen und kompliziertem Geschäft an. Für diejenigen, die detaillierten Rat suchen, gibt es umfassendere Veröffentlichungen.

6 DIN EN ISO 22301 Abschnitt 1

7 DIN EN ISO 22301, Abschnitt 3.3

More guidance for the use of ISO 22301 can be found in ISO 22313:2020 (second edition) which provides more depth in understanding how to apply the requirements detailed in ISO 22301. For example, ISO 22301 describes the Business Impact Analysis (BIA) over 8 dot points, while ISO 22313 describes BIA over 3½ pages. Its intention is to explain and clarify the meaning and purpose of the requirements and to assist in the resolution of any issues of interpretation. This handbook will point to such additional guidance in a general way but will not go into the details of ISO 22313.

The outstanding value of ISO 22301 is in its condensed presentation of the fundamental tenets of business continuity. This gives rise to the opportunity for a quick start in three steps. The underpinning philosophy of this handbook is the Plan-Do-Check-Act management cycle (PDCA) which can be found in all ISO MSSs.

Applying the PDCA cycle to design, implement, maintain and continually improve the effectiveness of the BCMS protects the organization and ensures a degree of consistency with other management systems.

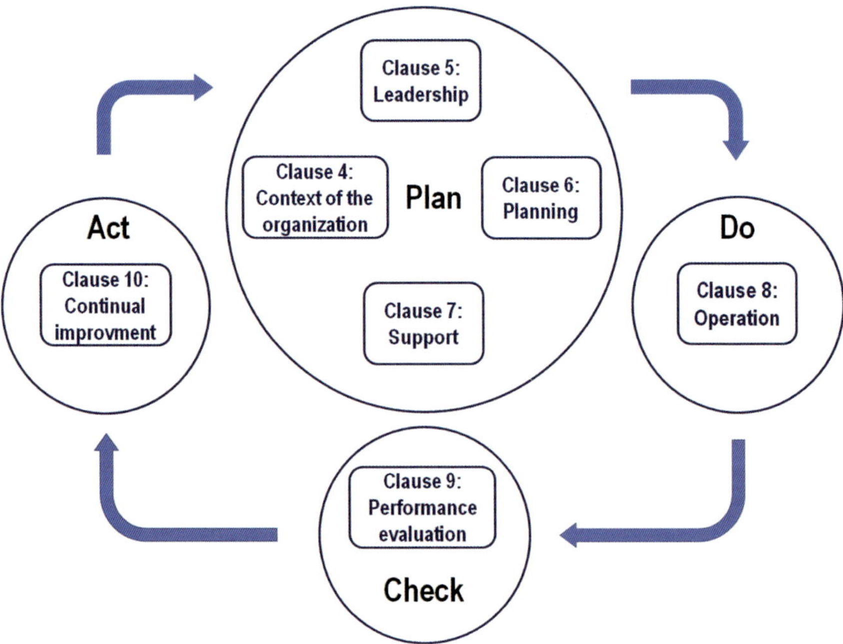

Figure 2: The PDCA components of the Standard

Zusätzliche Anleitung zur Nutzung der ISO 22301 findet sich in der ISO 22313:2020 (zweite Auflage), die größere Tiefe für das Verständnis, wie die Anforderungen, die im Einzelnen in der ISO 22301 aufgeführt sind, bereitstellt. Zum Beispiel beschreibt ISO 22301 die Business Impact Analyse (BIA) in 8 Spiegelpunkten, während die ISO 22313 dazu dreieinhalb Seiten verwendet. Absicht der Norm ist es, die Bedeutung und den Zweck der Anforderungen zu erläutern und zu verdeutlichen und gleichzeitig bei der Aufklärung von Fragen sowie bei der Interpretation zu unterstützen. Dieses Handbuch verweist auf diese zusätzlichen Empfehlungen in allgemeiner Weise, ohne in die Details der ISO 22313 zu gehen.

Der besondere Wert der ISO 22301 ist ihre geraffte Darstellung der wichtigsten Elemente für die Aufrechterhaltung der Betriebsfähigkeit. Das eröffnet die Möglichkeit eines Schnellstarts in drei Schritten. Die unterstützende Philosophie dieses Handbuchs ist der Planen-Durchführen-Prüfen-Handeln-Zyklus der Unternehmensleitung (Plan-Do-Check-Act – PDCA), der in allen ISO MSS enthalten ist.

Die Anwendung des PDCA-Zyklus, um das BCMS zu planen, durchzuführen, aufrechtzuerhalten und seine Wirksamkeit fortlaufend zu verbessern, schützt die Organisation und sichert einen Grad an Widerspruchsfreiheit zu anderen Managementsystemen.

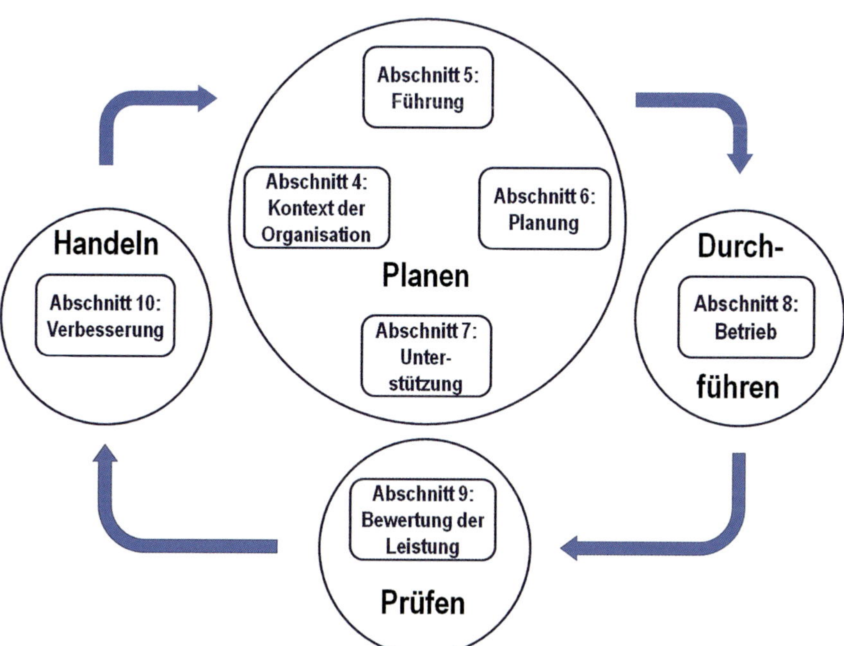

Abbildung 2: Die PDCA-Bestandteile der Norm

While working through this handbook, it is recommended that the reader forms an opinion on which aspects of the BCMS the organization should initially focus on. Improvements that will not overburden the organization should be identified. Any small step taken is a step towards enhancing the organization's resilience and reducing the operational risk of disruption.

Note: For the convenience of cross-referencing, section numbers of this handbook align to the section numbers in ISO 22301:2019.

Es wird empfohlen, beim Durcharbeiten dieses Handbuchs zu entscheiden, auf welche Aspekte des BCMS die Organisation sich am Anfang konzentrieren soll. Verbesserungen, die die Organisation nicht überfordern, sollten identifiziert werden. Jeder kleine Schritt, der genommen wird, ist ein Schritt zur Steigerung der Widerstandsfähigkeit der Organisation und zur Senkung des betrieblichen Risikos von Störungen.

Anmerkung: für bequemere Querverweise stimmen die Abschnittnummern in diesem Handbuch mit den Nummern der Klauseln in der DIN EN ISO 22301:2019 überein.

Step 1: Plan

Schritt 1: Planen

4 The Context of the Organization

Step 1 focuses on the four clauses of the Standard that shall be considered for delivering an effective business continuity management system:

- Clause 4: Understanding the external and internal context of the organization
- Clause 5: Commitment of Leadership driven by Policy and ownership
- Clause 6: The planning required for establishing strategic objectives and guiding principles as well as for changes to the BCMS
- Clause 7: The resources required to support the BCMS

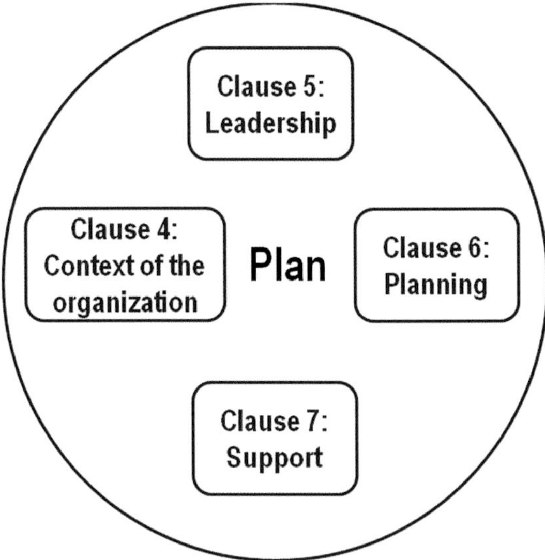

Figure 3: The »Plan« components of the standard

Figure 3 presents the four clauses in clause number sequence. However, the practical application of the Plan step may require undertaking the clauses in a sequence tuned to the needs of the organization. For example, the Business Continuity Policy (see Clause 5) demonstrates the organization's commitment, accountabilities and responsibilities for ensuring an appropriately managed business continuity management system. This would pave the way for allocat-

4 Der Kontext der Organisation

Schritt 1 konzentriert sich auf vier Abschnitte der Norm, die für ein wirksames BCMS berücksichtigt werden sollten:

- Abschnitt 4: Verstehen der relevanten externen und internen Themen der Organisation,
- Abschnitt 5: Verpflichtung der Führung getragen von Leitlinien und Verantwortung,
- Abschnitt 6: die Planung, die zu Begründung strategischer Ziele und Leitbilder sowie für Änderungen zum BCMS erforderlich ist,
- Abschnitt 7: die Ressourcen, die zur Unterstützung des BCMS erforderlich sind.

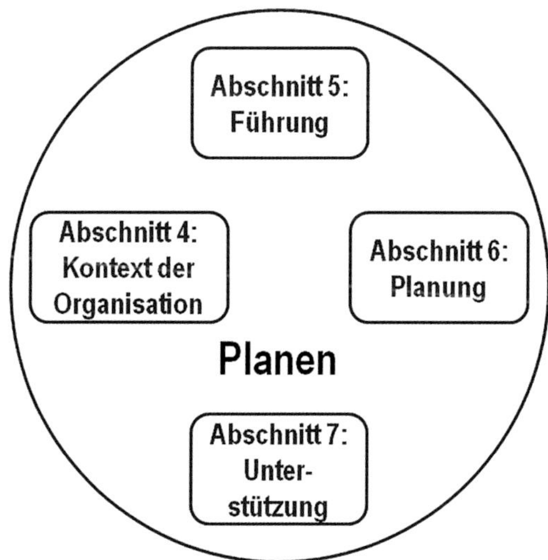

Abbildung 3: Die Bestandteile der Norm zum „Planen“

Abbildung 3 zeigt die vier Abschnitte in numerischer Reihenfolge. Allerdings kann es in der praktischen Anwendung des Planungsschrittes erforderlich werden, die Abschnitte in einer an den Erfordernissen der Organisation orientierten Reihenfolge anzuwenden. Zum Beispiel zeigt die Leitlinie die Verpflichtung der Organisation, ihre Rechenschaftspflicht und Verantwortung für die Absicherung eines angemessen geleiteten BCMS auf. Damit würde der Weg zur

ing resources and priority for undertaking the required Planning clauses and beyond. As such, the initial priority might be to create and have Board approval of the BC Policy before setting the scope of the management system.

Also, it should be considered that the four elements might have to be addressed iteratively as they are interdependent.

4.1 Environment

Clause 4 of the standard sets the requirements for determining the context of the organization: Why does the organization exist, what is its mission and what are the needs and expectations of its interested parties.

This clause requires the identification of external and internal issues that are relevant to the purpose of the organization and that affect its ability to achieve the intended outcomes of the BCMS. These issues will be influenced by the organization's overall objectives, its products and services and the amount and type of risk that it may or may not take.[8] The identification of the interested parties relevant to the BCMS and their requirements is paramount and a key aspect of clause 4. Interested parties bring a variety of considerations such as applicable legal and regulatory requirements and any other requirements that must be considered in implementing and maintaining the business continuity management system. These requirements shall be documented and kept up to date.[9]

8 ISO 22301:2019, clause 4.1

9 ISO 22301:2019, clause 4.2

Zuordnung von Ressourcen und die Priorität für die erforderlichen Planungsabschnitte und weiteres frei. So könnte die erste Priorität darin bestehen, Vorstands- und/oder Aufsichtsratszustimmung zu erhalten, bevor der Anwendungsbereich des BCMS festgelegt wird.

Es sollte bedacht werden, dass die vier Elemente unter Umständen iterativ behandelt werden müssen, da sie ineinandergreifend voneinander abhängen.

4.1 Umfeld

Abschnitt 4 der Norm legt die Anforderungen für die Ermittlung des Umfelds der Organisation fest. Warum gibt es die Organisation, was ist ihre Mission und was sind die Anforderungen und Erwartungen der interessierten Parteien?

Externe und interne Angelegenheiten sollen ermittelt werden, die für den Zweck der Organisation relevant sind und ihre Fähigkeit beeinflussen, die beabsichtigten Ergebnisse des BCMS zu erreichen. Diese Themen werden von den Gesamtzielen der Organisation, deren Produkte und Dienstleistungen und dem Umfang und der Art des Risikos beeinflusst, das diese eingehen darf oder nicht.[8] Die Identifikation der interessierten Parteien, die für das BCMS von Bedeutung sind, und ihrer Anforderungen ist von höchster Wichtigkeit und ein Schwerpunkt des 4. Abschnitts. Die interessierten Parteien bringen eine Vielfalt an Abwägungen ein, wie z. B. anwendbare rechtliche und behördliche und andere Anforderungen, die bei Einführung und Aufrechterhaltung des BCMS zu beachten sind. Diese Anforderungen sind zu dokumentieren und auf aktuellem Stand zu halten.[9]

8 DIN EN ISO 22301, Abschnitt 4.1

9 DIN EN ISO 22301, Abschnitt 4.2

Table 1: Checklist for establishing the context of the organization

	Item	Explanation
(1)	External and Internal Issues	Identify the external and internal environment in which the organization operates. This includes aspects such as the political environment, competitor challenges, social and cultural aspects, domestic and international trade concerns, workforce concerns (e.g. union, volunteer, specialist skills), financial issues, technology trends and dependencies and supplier dependencies.
(2)	Needs and Expectations of Interested Parties	Determine the persons, groups of people or organization that have a materially important relationships with the organization, i.e. where the relationship can affect, be affected by or be perceived to be affected by incidents that disrupt the organization. For each interested party, determine the nature of the relationship and the implications of product and service delivery disruption. For example, a unionized workforce may go on strike if their pay is not received by the due date.
(3)	Legal and Regulatory Requirements	Implement a process to identify, have access to and assess the requirements for the continuity of products and services, activities and resources. These requirements may include timeframes within which an action has to be completed (e.g. reporting to a regulator within 4 hours, delivering a product within the contractual terms of the transaction).

The organization shall determine the boundaries and applicability of its BCMS to establish its scope. It shall consider the external and internal issues referred to in item 1 of the checklist and the requirements referred to in items 2 and 3

Tabelle 1: Prüfliste der Anforderungen zum Kontext der Organisation

	Thema	Erläuterung
(1)	Externe und interne Angelegenheiten	Das externe und interne Milieu, in dem die Organisation ihr Geschäft betreibt, ist zu ermitteln. Dies beinhaltet Aspekte wie das politische Umfeld, Herausforderungen des Wettbewerbs, soziale und kulturelle Aspekte, nationale und internationale Handelsbelange, Belange der Belegschaft (z. B. von Gewerkschaft, Freiwilligen und Spezialisten), Finanzthemen, Technologietrends und Abhängigkeiten z. B. von Lieferanten.
(2)	Bedürfnisse und Erwartungen interessierter Parteien	Ermittlung der Personen, Gruppen oder Organisationen, die eine grundlegend wichtige Beziehung zu der Organisation haben, das bedeutet, wo die Beziehung Vorgänge, die zu Störungen führen könnten, beeinflussen oder von diesen beeinflusst werden oder in der Wahrnehmung beeinflusst werden können. Für jede interessierte Partei ist die Art der Beziehung zu bestimmen und die Auswirkung von Störungen für Produkte und Dienstleistungen zu ermitteln. Beispielsweise kann eine in einer Gewerkschaft organisierte Belegschaft streiken, wenn sie das Gehalt bei Fälligkeit nicht erhält.
(3)	Rechtliche und behördliche Anforderungen	Einen Prozess einführen zur Identifizierung, zum Zugriff auf und zur Einschätzung der Anforderungen für die Aufrechterhaltung der Lieferung von Produkten und Dienstleistungen, Aktivitäten und Ressourcen. Diese Anforderungen können Zeitfenster einschließen, innerhalb derer eine Aktivität abgeschlossen sein muss (z. B. Berichterstattung an die Aufsichtsbehörde innerhalb von x Stunden, ein Produkt innerhalb der vertraglichen Vereinbarung liefern).

Die Organisation soll die Grenzen und die Anwendbarkeit seines BCMS ermitteln, um seinen Anwendungsbereich festzuschreiben. Sie soll die externen und internen Themen in Nr. 1 und die Anforderungen in Nummern 2 und 3 der

of the checklist above. It shall also consider its mission, goals and obligations. The parts of the organization (e.g. locations) and its products and services to be included in the BCMS shall be identified.

It is also important to identify, document and explain business aspects to be excluded from the BCMS. However, the Standard clearly states that exclusions shall not affect the organization's ability to provide business continuity for in-scope operations as determined by the BIA, Risk Assessment (RA) and applicable legal or regulatory requirements.[10]

Once the context of the organization has been defined (or reviewed), the Standard then mandates establishing, implementing, maintaining and continually improving the business continuity management system including the processes needed and their interactions in accordance with the requirements of ISO 22301.[11]

Case Study JWC Part 2

Context of the organization

John, his eight team leaders and the consultant meet to discuss context. John feels it is important to remind everyone of the history, his vision and the mission of the business. He finishes by saying that the business provides:

- products, representing 90 % of revenue (i.e. superior quality and highly functional bespoke furniture for private and commercial purpose) and
- services, representing 10 % of revenue (i.e. custom design, installation, and on-site repairs)

The consultant asks the team to identify the attributes that influence the stability of the business – in other words, what are the things you need to keep your eye on? The team identifies:

- external attributes: Supply Chain, John's relationship with each supplier, competitors (local and international), reputation, and marketing through various channels

10 ISO 22301:2019, clause 4.3

11 ISO 22301:2019, clause 4.4

Prüfliste oben berücksichtigen. Sie soll auch ihren Existenzzweck, Ziele und Pflichten bedenken. Die Teile der Organisation (z. B. Standorte) sowie die Produkte und Dienstleistungen, die in das BCMS einbezogen werden sollen, sind zu identifizieren.

Es ist ebenso wichtig, geschäftliche Gesichtspunkte, die vom BCMS ausgeschlossen werden sollen, zu identifizieren, dokumentieren und erläutern. Allerdings dürfen diese Ausnahmen die Fähigkeit der Organisation zur Aufrechterhaltung der Betriebsfähigkeit für Tätigkeiten innerhalb des Anwendungsbereichs, die sich aus der BIA, der Risikobewertung und anwendbaren rechtlichen oder behördlichen Anforderungen ergeben, nicht beeinträchtigen.[10]

Sobald der Kontext der Organisation definiert (oder überprüft) ist, verlangt DIN EN ISO 22301, das BCMS zu etablieren, umzusetzen, aufrechtzuerhalten und fortlaufend zu verbessern, was die erforderlichen Prozesse und ihre Wechselbeziehungen im Zusammenhang mit den Anforderungen der Norm einschließt.[11]

Fallstudie JWC Teil 2

Kontext der Organisation

John, seine acht Teamleiter und die Beraterin treffen sich, um den Kontext zu diskutieren. John meint, dass es wichtig sei, jeden an seine Sicht, sein Leitbild und die Geschichte des Unternehmens zu erinnern. Er schließt mit den Worten, das Unternehmen biete:

- Produkte, die für 90 % des Umsatzes stünden (hochfunktionale maßgefertigte Möbel überlegener Qualität für private und gewerbliche Anwendungen) und
- Dienstleistungen, die für 10 % des Umsatzes stehen (anwendungsspezifische Entwürfe, Aufbau und Reparaturen vor Ort).

Die Beraterin bittet das Team, die Merkmale zu identifizieren, die die Stabilität des Unternehmens beeinflussen – mit anderen Worten, was sind die Dinge, die im Auge behalten werden müssen? Das Team identifiziert:

- externe Merkmale: Lieferkette, Johns Beziehungen zu jedem Lieferanten, Wettbewerber (lokal und international), Ruf und Marketing über verschiedene Kanäle

10 DIN EN ISO 22301, Abschnitt 4.3

11 DIN EN ISO 22301, Abschnitt 4.4

- internal attributes: Skilled workers, precision tools, well defined and documented production procedures, a collegiate culture, ICT Systems and financial reporting and projections.

The consultant explains that surviving an operational disaster is directly linked to the magnitude of impact felt by those that rely or depend on the business. A brainstorming session considers the ramifications of a disaster striking to identify the groups of interested parties. This resulted in the following interested parties:

- commercial customers represent 75 % of revenue (i.e. owners of bars, restaurants and smaller boutique or midsize shops within a radius of 50 km of their workshop),
- private customers represent 25 % of revenue (i.e. for homes throughout the country)
- employees whose livelihood depends on the success and survival of the business
- suppliers who will stop supply if not paid

Collectively, these attributes describe the context of the organization. It also describes what needs to be protected. The consultant asks John to confirm that he wants to protect the whole business. She also explains that to embark on a full business continuity programme would be a significant distraction to running the business. John and his leadership team then agree to include the following business activities in the business continuity scope:

- production of commercial products. This will protect 75 % of revenue
- services of custom design, installation, and on-site repairs. While this only represents 10 % of revenue, awareness and reputation of these services contribute to 40 % of sales

The consultant explains that the scope of the BCMS includes other attributes beyond the parts of the business to be protected. She explains that the BCMS is a management process underpinned by the PDCA cycle. John and his leadership team agree to the following:

- interne Merkmale: qualifizierte Mitarbeiterinnen und Mitarbeiter, Präzisionswerkzeug, genau definierte und dokumentierte Produktionsverfahren, eine kollegiale Kultur, ITK-Systeme und Finanzreporting und -planung.

Die Beraterin erklärt, dass das Überleben in einer betrieblichen Katastrophe in direktem Zusammenhang mit dem Ausmaß des Zwischenfalls im Auge derjenigen steht, die sich auf den Betrieb verlassen oder von ihm abhängen. In einem Brainstorming werden die Konsequenzen einer Katastrophe betrachtet, um die Gruppen von interessierten Parteien zu identifizieren. Dies sind:

- betriebliche Kunden (Betreiber von Bars, Restaurants und kleineren spezialisierten oder mittleren Läden), die für 75 % des Umsatzes stehen, in einem Radius von 50 km um die Werkstatt,
- Privatkunden (für Wohnhäuser im gesamten Land), die für 25 % des Umsatzes stehen,
- Mitarbeiter, deren Lebensunterhalt von dem Erfolg des und dem Überleben des Unternehmens abhängen,
- Lieferanten, die die Lieferung stoppen, wenn sie nicht bezahlt werden.

Zusammen beschreiben diese Merkmale den Kontext der Organisation und was geschützt werden muss. Die Beraterin bittet John um Bestätigung, dass er das Gesamtunternehmen schützen will. Sie erklärt weiterhin, dass die Entscheidung für ein volles Business Continuity Programm erheblich vom Normalbetrieb ablenken würde. Daraufhin stimmen John und sein Führungsteam dem folgenden Business Continuity Anwendungsbereich ab:

- die Produktion gewerblicher Produkte, wodurch 75 % des Umsatzes geschützt werden,
- Dienstleistungen für anwendungsspezifische Entwürfe, Aufbau und Reparaturen vor Ort, die zwar nur für 10 % des Umsatzes stehen, Bewusstsein und Ruf dieser Dienstleistungen tragen aber zu 40 % der Verkäufe bei.

Die Beraterin erklärt, dass der Anwendungsbereich des BCMS auch andere Merkmale über den geschützten Teil des Geschäfts hinaus einschließt. Sie erläutert, dass das BCMS ein Managementprozess ist, der vom PDCA-Zyklus unterlegt ist. John und sein Führungsteam werden wie folgt einig:

- The first cycle of the BCMS will take 18 months.
- ISO 22301 will be referenced to identify the following core deliverables: BC Policy, BIA Report, BC Strategy Report, BC Plans and one BC Exercise Report.
- Regular meeting times will be set to review progress and outcomes.

The consultant suggests documenting the processes for the BCMS with the help of a simplified Event-driven Process Chain (EPC). Normally in an EPC an activity follows a situation and in turn is followed by a situation. There is a limited number of ways to interconnect the elements.

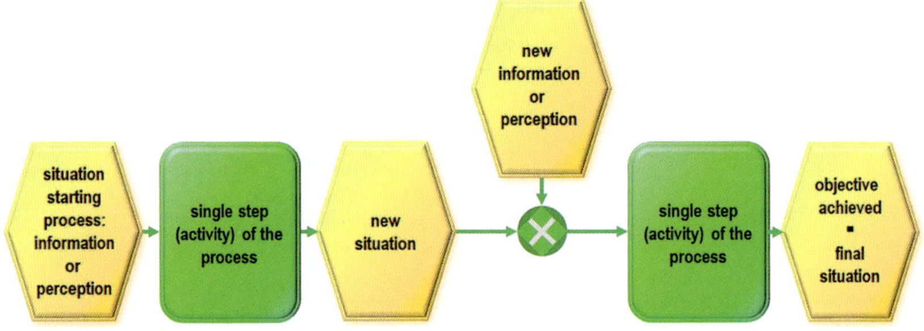

Figure CS.04: Structure of an EPC

The consultant suggests simplifying the EPC by showing only the activities with the situations starting and ending the process which is similar to a flow chart. She shows this concept to John using the example of the process to establish the context:

Figure CS.05: process to establish the context[12]

John comes to an interesting conclusion: discussing the context and designing the process to establish it has helped everyone, including herself, have a deeper understanding of the business.

12 Figures CS.05–CS.17 taken with persmission from Executive Summary No. 14; http://herdmann.de/executive/nummer14.php?ln=en

- der erste Zyklus des BCMS soll 18 Monate betragen,
- auf DIN EN ISO 22301 wird Bezug genommen, um das folgende Kernergebnis zu definieren: BC-Leitlinie, BIA-Bericht, Strategie-Bericht, BC-Pläne und ein Report zu Übungen.
- regelmäßige Termine zur Prüfung von Prozess und Ergebnis.

Die Beraterin regt die Dokumentation der Prozesse für das BCMS mit der Hilfe einer vereinfachten Ereignisgesteuerten Prozesskette (EPK) an. Normalerweise folgt in einer EPK eine Aktivität auf eine Situation, der wiederum eine Situation folgt. Es gibt eine begrenzte Anzahl von Verbindungselementen.

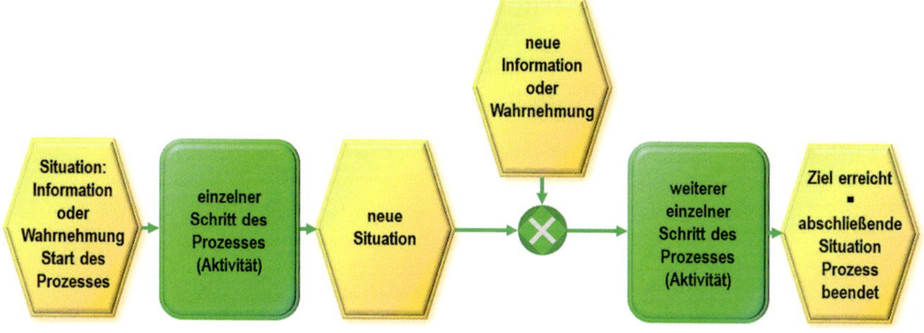

Abbildung FS.04: Struktur einer EPK

Die Beraterin schlägt vor, die EPK zu vereinfachen, indem nur die Aktivitäten zusammen mit den Anfangs- und Endsituationen abgebildet werden, was ähnlich einem Flowchart sei. Sie zeigt John dieses Konzept anhand des Beispiels, das Umfeld (den Kontext) zu bestimmen:

Abbildung FS.05: Prozess zur Bestimmung des Umfelds[12]

John kommt zu einem interessanten Fazit: Das Umfeld zu diskutieren und den Prozess, dieses zu bestimmen und zu entwickeln, hat allen – einschließlich ihm selber – geholfen ein vertieftes Verständnis des Unternehmens zu erlangen.

12 Abbildungen FS.05–FS.17 mit Genehmigung der Executive Summary Nr. 14 entnommen; http://herdmann.de/executive/nummer14.php?ln=en

5 Leadership

For some organizations, BC is not front of mind. Others have a desire to protect the organization from disruption, however desire is not enough to ensure protection. BC related entries in the Corporate Risk Register do not guarantee treatment. Organizations operate with a variety of challenges including limited resources, changing priorities, insufficient budget and inadequate skills.

It takes true leadership to recognize the need and benefits of maintaining a BCMS. This aspect of leadership is also reinforced by one of the key attributes of Organizational Resilience[13].

ISO 22301 Clause 5 focuses specifically on:

- 5.1: Leadership and commitment
- 5.2: The Business Continuity Policy
- 5.3: Roles, responsibilities and authorities.

5.1 Leadership and commitment

The business continuity management system must be led by top management demonstrating their commitment to:[14]

a) Policy – maintain and pursue approval of the mandate for BC and then advise the organization

b) Integration – modify business processes to include BC as part of business as usual

c) Resources – providing sufficient funding, people, time etc.

d) Communication – regularly reinforce the importance of BC and adherence to the Policy

e) Delivery – pursue confirmation that the intended outcome of BC meets the business requirements

13 ISO 22316:2016, clause 5.4

14 ISO 22301:2019, clause 5.1

5 Führung

Für manche Organisationen steht die Aufrechterhaltung der Betriebsfähigkeit nicht an erster Stelle. Andere wollen die Organisation vor Störungen schützen, aber der Wunsch ist nicht genug, um Schutz zu gewährleisten. Auch die Aufnahme von BC bezogenen Einträgen im gesellschaftlichen Risikoverzeichnis garantiert nicht deren Behandlung. Organisationen sind einer Vielfalt von Herausforderungen ausgesetzt einschließlich beschränkter Ressourcen, sich verändernder Prioritäten, unzureichender Budgets und unzulänglichen Fähigkeiten.

Wahre Unternehmensleitung ist erforderlich, um die Notwendigkeit und den Nutzen der Unterhaltung eines BCMS zu erkennen. Der Gesichtspunkt der Leitungskompetenz wird auch durch ein entscheidendes Merkmal der organisatorischen Widerstandskraft verstärkt.[13]

DIN EN ISO 22301 Abschnitt 5 legt den Schwerpunkt insbesondere auf:

- 5.1: Führung und Verpflichtung,
- 5.2: die Leitlinie für die Aufrechterhaltung der Betriebsfähigkeit,
- 5.3: Rollen, Verantwortlichkeiten und Befugnisse.

5.1 Führung und Verpflichtung

Das BCMS muss von der obersten Leitung geführt werden, die das nachfolgende Verhalten unter Beweis stellt:[14]

a) Leitlinie – diese einhalten und Zustimmung für den Auftrag zur Aufrechterhaltung der Betriebsfähigkeit einfordern und dann die Organisation anleiten.

b) Integration – Geschäftsprozesse modifizieren, damit die Aufrechterhaltung der Betriebsfähigkeit im Normalbetrieb enthalten ist.

c) Ressourcen – ausreichende Finanzierung, Mitarbeiter, Zeit etc. zur Verfügung stellen.

d) Kommunikation – die Bedeutung der Aufrechterhaltung der Betriebsfähigkeit und die Befolgung der Leitlinie regelmäßig verstärken.

13 ISO 22316, Abschnitt 5.4

14 DIN EN ISO 22301, Abschnitt 5.1

f) Prioritization – regularly reviewing and adjusting everyones objectives in support of the BCMS
g) continual improvement – looking for opportunities to review and revise
h) lower levels of management – regularly providing support so that they can display BCMS leadership and commitment to their teams

Clause 5.1.2 of ISO 22313 provides more depth to Top Management Leadership and Commitment, while clause 5.1.3 of ISO 22313 provides more depth to other managerial roles regarding Leadership and Commitment.

5.2 Business Continuity Policy

The Business Continuity Policy is to be approved by top management. It is the formal document that mandates BC via the management system. It must:

a) be appropriate to the purpose of the organization,
b) provide a framework for setting the business continuity objectives,
c) include a commitment to satisfy applicable requirements and
d) include a commitment to continual improvement.

The Business Continuity Policy shall be

a) available as a document,
b) communicated within the organization and
c) if appropriate, be available to interested parties.

More guidance on the Policy can be found in ISO 22313 clause 5.2.

5.3 Roles, responsibilities and authorities

Roles, responsibilities and authorities shall be assigned by top management and communicated within the organization. This includes the responsibility and authority to ensure that the BCMS conforms to the requirements of ISO 22301

e) Umsetzung – Bestätigung anstreben, dass das bezweckte Ergebnis der Aufrechterhaltung der Betriebsfähigkeit den betrieblichen Anforderungen genügt.

f) Priorisierung – regelmäßig die Ziele aller zur Unterstützung der BCMS prüfen und anpassen.

g) Ständige Verbesserung – Gelegenheiten zur Überprüfung und Überarbeitung suchen.

h) Niedrigere Leitungsebenen – regelmäßige Unterstützung leisten, damit diese BCMS Führung und Verpflichtung ihren Teams gegenüber darstellen können.

Abschnitt 5.1.2 der ISO 22313 stellt die Führung seitens der obersten Leitungsebene und ihre Verpflichtung detaillierter dar, während Abschnitt 5.1.3 entsprechende Empfehlungen für weitere Leitungsrollen zur Verfügung stellt.

5.2 Leitlinie zur Aufrechterhaltung der Betriebsfähigkeit

Die Leitlinie zur Aufrechterhaltung der Betriebsfähigkeit soll von der obersten Leitungsebene bestätigt werden. Sie ist das formale Dokument mit dem Auftrag zur Aufrechterhaltung der Betriebsfähigkeit durch ein Managementsystem. Sie soll:

a) für den Zweck der Organisation geeignet sein,

b) einen Rahmen für die Ziele der BC bilden,

c) eine Verpflichtung anwendbare Anforderungen zu erfüllen und

d) eine Verpflichtung zur ständigen Verbesserung enthalten.

Die Leitlinie für die Aufrechterhaltung der Betriebsfähigkeit soll

a) als Dokument verfügbar sein,

b) innerhalb der Organisation kommuniziert werden und

c) sofern angemessen den interessierten Parteien zur Verfügung stehen.

Weitere Anleitung zur Leitlinie findet sich in der ISO 22313 im Abschnitt 5.2.

5.3 Rollen, Verantwortlichkeiten und Befugnisse

Rollen, Verantwortlichkeiten und Befugnisse sollen von der obersten Leitungsebene zugeteilt werden und innerhalb der Organisation kommuniziert werden. Das schließt die Verantwortlichkeit und die Befugnisse ein, sicherzustellen,

and to reporting on the performance of the BCMS to top management. Details of roles and responsibilities in a business continuity management system can be found in ISO 22313 Table 3 of Clause 5.3 which presents the following 4 levels of management:

- Top Management – Accountable for the BCMS
- BC Manager – Responsible for the BCMS
- BC Management Team – Facilitators of the BCMS
- Functional Representatives – Owners of BC requirements and processes, BC capabilities, BC Plans and participants in BC Exercises and Tests.

Case Study JWC Part 3

Leadership

Now that the scope has been set, the consultant sits with John to help him understand the critical success factors for the BCMS. She focuses on leadership and commitment and highlights that people cannot be made or forced into protecting the business. John needs to lead by example and be honest about the challenge that the business is about to embark on and the journey beyond.

Together they write the BC Policy and then John calls a meeting with all staff. He explains the benefit and purpose of business continuity. He says that he truly believes that this is critical for the business and the jobs it protects and makes the following commitments. That:

- he will personally lead the organization through the BCMS
- he will be guided and mentored by the consultant
- the first cycle of the BCMS will take no longer than 18 months
- each member of a response team will receive appropriate training
- each member of staff required to participate in the BCMS will be afforded quality time
- all members of staff will receive BCMS education

dass das BCMS den Anforderungen der ISO 22301 entspricht, und zur Leistung des BCMS an die oberste Leitung zu berichten. Einzelheiten für die Rollen und Verantwortlichkeiten in einem BCMS sind in der Tabelle 3 zum Abschnitt 5.3 der ISO 22313 aufgelistet. Diese stellt die folgenden 4 Führungsebenen dar:

- Oberste Leitungsebene – rechenschaftspflichtig für das BCMS
- Leiter für die Aufrechterhaltung der Betriebsfähigkeit – Verantwortlich für das BCMS
- Führungsgruppe für die Aufrechterhaltung der Betriebsfähigkeit – Moderatoren für das BCMS
- Fachliche Beauftragte – Eigner der Anforderungen und Prozesse zur Aufrechterhaltung der Betriebsfähigkeit, der Ressourcen, Pläne und Teilnehmer an Übungen und Tests.

Fallstudie JWC Teil 3

Führung

Nachdem der Anwendungsbereich definiert ist, setzt sich die Beraterin mit John zusammen, um ihm zu helfen, die kritischen Erfolgsfaktoren für das BCMS zu verstehen. Sie konzentriert sich auf Führung und Verpflichtung und betont, dass die Belegschaft nicht zum Schutz des Unternehmens gezwungen werden kann. John muss mit seinem Beispiel vorangehen und aufrichtig dazu stehen, dass das Unternehmen auf eine Reise zu neuen Ufern aufbricht.

Zusammen entwerfen sie die BC-Leitlinie und danach ruft John die gesamte Belegschaft zusammen. Er erklärt den Nutzen und Zweck von der Aufrechterhaltung der Betriebsfähigkeit. Er sagt, dass er wahrhaft glaube, dass dies kritisch für das Unternehmen und seine Arbeitsplätze sei und macht folgende Versprechen:

- Er wird die Organisation persönlich durch das BCMS führen.
- Er wird von der Beraterin angeleitet und betreut.
- Der erste Zyklus des BCMS wird nicht länger als 18 Monate dauern.
- Alle Mitglieder eines Reaktionsteams werden angemessen geschult.
- Jedes Mitglied der Belegschaft, das im BCMS mitwirken muss, wird dafür Freistunden zugeteilt erhalten.
- Die gesamte Belegschaft wird eine BCMS-Unterweisung erhalten.

John explains that being mentored by the consultant is important for the business because it acknowledges that at this stage the business does not have the required experience. It will also enable him to mentor one of his managers during the second BCMS cycle.

John presents and explains the BC Policy which details:

- a statement of commitment that business continuity will be maintained and improved
- its relationship to other management standards such as Risk Management
- scope (and exclusions)
- the framework aligned to ISO 22301 BC roles, responsibilities and ownership

After the meeting, John meets with the consultant to plan the next 18 months. During the meeting, John expresses that he is feeling confident and in control. He believes that his staff is truly on board with the BCMS and everyone is keen to participate. The consultant emphasizes that this is what good leadership is all about. She provides the figure for the process demonstrating leadership:

Figure CS.06: Process to demonstrate leadership

John erklärt, dass die Betreuung durch die Beraterin wichtig für den Betrieb sei, da dadurch anerkannt werde, dass das Unternehmen derzeit nicht die erforderliche Erfahrung habe. Es wird ihm auch ermöglichen, einen seiner Führungskräfte während des zweiten BCMS-Zyklus zu betreuen.

John präsentiert und erklärt die BCMS-Leitlinie, die im Einzelnen

- die Verpflichtung enthält, das Business Continuity aufrechtzuerhalten und zu verbessern,
- die Beziehung zu anderen Normen, wie dem Risikomanagement erläutert,
- den Anwendungsbereich (und die Ausnahmen) für das BCMS beschreibt,
- das Rahmenwerk enthält, mit dem der Abgleich mit der ISO 22301 erfolgt und
- BC-Rollen, Verantwortlichkeiten und Eigner-Eigenschaften festlegt.

Nach dem Termin trifft sich John mit der Beraterin, um die nächsten 18 Monate zu planen. Während dieses Termins bringt er zum Ausdruck, dass er sich zuversichtlich und in Kontrolle fühle. Er glaube, dass sein Team in Bezug auf das BCMS wahrhaft bei der Sache sei und alle darauf brennen, teilzunehmen. Die Beraterin betont, dass dies gute Führung ausmache. Sie erstellt die Abbildung für den Prozess zum Nachweis der Führung:

Abbildung FS.06: Prozess zum Nachweis von Führung

6 Planning

It is important to recognize that ISO 22301 refers to two different types of planning. Clause 6 of the Standard describes the requirements for establishing strategic objectives and guiding principles for the BCMS while Clause 8 includes planning required to define and implement business continuity capability, plans and competency.

With specific focus on the BCMS, ISO 22301 Clause 6 addresses:

- 6.1: Risks and Opportunities
- 6.2: Plans to achieve the Business Continuity objectives
- 6.3: Planning changes to the BCMS.

6.1 Risks and Opportunities:

When planning the business continuity management system, the organization shall consider external and internal issues relevant to its purpose and the needs and expectations of interested parties. These issues have been determined earlier in the BCMS when addressing the context of the organization (see checklist on establishing the context in Table 1).

Clause 6.1 highlights that each issue might have associated risks or opportunities requiring assessment and potential action. The objectives of this is to give assurance to top management that the BCMS can achieve its intended outcomes, to prevent or reduce undesired effects and achieve continual improvement. The risks and opportunities in this context relate to the effectiveness of the management system.

The organization can integrate risk management practices according to ISO 31000 into their management system. IWA 31[15] gives guidance on how this can be achieved. The organization can decide to follow a more or a less formal approach. ISO 31000 does not require a formal or mandated risk management process but provides for a process structure which conforms to the

15 IWA 31:2020 Risk management – Guidelines on using ISO 31000 in management systems: https://www.iso.org/standard/75812.html

6 Planung

Es ist wichtig zu erkennen, dass die DIN EN ISO 22301 zwei unterschiedliche Arten der Planung kennt: Ihr Abschnitt 6 beschreibt die Anforderungen zur Festlegung der strategischen Ziele und leitenden Prinzipien für das BCMS, während Abschnitt 8 die Planung beinhaltet, die notwendig ist, um die Fähigkeiten, Pläne und Kompetenzen zur Aufrechterhaltung der Betriebsfähigkeit zu definieren und umzusetzen.

Mit besonderem Fokus auf das BCMS konzentriert sich DIN EN ISO 22301 Abschnitt 6 auf:

- 6.1: Risiken und Chancen
- 6.2: Pläne, um die Ziele zur Aufrechterhaltung der Betriebsfähigkeit zu erreichen
- 6.3: Änderungen des BCMS zu planen.

6.1 Risiken und Chancen

Bei der Planung des BCMS soll die Organisation externe und interne Themen berücksichtigen, die für ihr Gesamtziel sowie die Bedürfnisse und Erwartungen der interessierten Parteien relevant sind. Diese Themen wurden bei Behandlung des Kontextes der Organisation festgelegt (siehe oben, die Prüfliste zur Festlegung des Kontextes in Tabelle 1).

DIN EN ISO 22301 Abschnitt 6.1 betont, dass jedes Thema mit Risiken oder Chancen verbunden sein kann, die beurteilt werden müssen und mögliche Maßnahmen erforderlich machen. Ziel muss es sein, der obersten Leitung Gewissheit zu verschaffen, dass das BCMS seine vorgesehenen Wirkungen erzielt, unerwünschte Effekte verhindert oder reduziert und ständige Verbesserung erzielt. Risiken und Chancen beziehen sich in diesem Zusammenhang auf die Wirksamkeit des Managementsystems.

Die Organisation kann Risikomanagement-Techniken nach ISO 31000 in ihr Managementsystem integrieren. IWA 31[15] stellt eine Anleitung zur Verfügung, wie das erreicht werden kann. Die Organisation kann sich entscheiden, einen mehr oder weniger formalen Ansatz zu wählen. ISO 31000 verlangt keinen formalen, regulierten Risikomanagementprozess, sondern stellt eine Prozessstruktur zur Verfügung, die dem prozessbasierten Ansatz der DIN EN ISO 22301 entspricht.

15 IWA 31:2020 Risk management – Guidelines on using ISO 31000 in management systems: https://www.iso.org/standard/75812.html

process-based approach of ISO 22301. The organization shall also plan how to evaluate the effectiveness of their actions to address risks and opportunities.

6.2 Business Continuity Objectives:

Clause 6.2 highlights that the organization shall establish business continuity objectives at relevant functions and levels. These objectives shall be consistent with the Policy (see above), be measurable (if practicable) and take into account applicable requirements (see Checklist in Table 1). The Objectives shall be monitored, communicated and updated as appropriate.

When planning how to achieve those objectives it shall be determined:

a) what shall be done,

b) what resources are required,

c) who will be responsible;

d) when it will be completed and

e) how results shall be evaluated.

6.3 Planning Changes:

Over time and at set intervals, the organization will identify deficiencies and opportunities for improving the BCMS. When such changes are identified, Clause 6.3 describes that they are to be carried out in a planned manner. The purpose of the changes and their potential consequences shall be considered together with the available resources and the allocation of responsibilities and authorities.

Die Organisation muss ebenso planen, wie sie die Wirksamkeit ihrer Maßnahmen zur Behandlung von Risiken und Chancen bewertet.

6.2 Ziele für die Aufrechterhaltung der Betriebsfähigkeit

In Abschnitt 6.2 wird betont, dass die Organisation Ziele zur Aufrechterhaltung der Betriebsfähigkeit an den maßgeblichen Funktionen und Ebenen festlegen soll. Diese sollen mit der Leitlinie (siehe oben) vereinbar und (soweit praktikabel) messbar sein sowie anwendbare Anforderungen (siehe die Prüfliste in Tabelle 1) berücksichtigen. Die Ziele sollen überwacht, kommuniziert und, soweit angemessen, aktualisiert werden.

Bei der Planung, wie diese Ziele erreicht werden können, muss bestimmt werden:

a) was getan werden muss,

b) welche Hilfsmittel notwendig sind,

c) wer verantwortlich ist,

d) wann es vollendet ist und

e) wie die Ergebnisse bewertet werden.

6.3 Planung von Änderungen

Mit der Zeit und in festgelegten Intervallen wird die Organisation Schwachstellen und Chancen für die Verbesserung des BCMS identifizieren. Wenn solches Potenzial identifiziert ist, beschreibt Abschnitt 6.3, dass Änderungen geplant durchgeführt werden müssen. Der Zweck der Änderungen und ihre potenziellen Konsequenzen sollen zusammen mit den zur Verfügung stehenden Hilfsmitteln und der Zuordnung von Verantwortung und Befugnissen bedacht werden.

Case Study JWC Part 4

Planning

The consultant presents John with a proposed project plan. John becomes concerned that the required effort will be stressful on both the business and staff. He suggests that they undertake a SWOT analysis, a technique that the leadership team is familiar with. The consultant suggests that SWOT would be fine but possibly a bit of overkill. She says that for the purpose of the BCMS, the focus need only be on Risk and Opportunity.

The consultant facilitates a workshop with the leadership team. The objective is to identify risks that might adversely affect the BCMS. The following concerns are listed on the whiteboard:

1) All managers are time-poor
2) Strong opinions from the team that John does not have the capacity to facilitate the BCMS since he is the managing partner
3) The business may be impacted during peak periods of operation, e.g. Finance team is very busy at the end of the financial year, manufacturing of commercial products is the busiest in spring for deliveries in summer etc.
4) No budget has been set for the BCMS, e.g. education and awareness
5) No budget has been set for BC strategies
6) No repository exists for the captured BC information
7) No understanding of how to access the BC plans if the office or ICT systems suffer a disaster

Each of these concerns is assessed to identify the extent to which they will impact on the BCMS and how the risk could be mitigated. As a result, the following decisions were made:

1) Team leaders will work with John to balance priorities, as conflicts appear
2) Covered by point 1

Fallstudie JWC Teil 4

Planung

Die Beraterin präsentiert John den Vorschlag für den Projektplan. John entwickelt Bedenken, dass der Projektaufwand für das Unternehmen und die Belegschaft zu belastend wird. Er schlägt eine SWOT-Analyse vor, eine Technik, die das Führungsteam beherrscht. Die Beraterin merkt an, das SWOT gut aber vielleicht auch zu viel des Guten wäre. Sie sagt, dass es für den Zweck des BCMS genüge, sich auf Risiken und Chancen zu konzentrieren.

Die Beraterin entwickelt einen Workshop mit dem Führungsteam. Ziel ist es, die Risiken zu identifizieren, die das BCMS behindern könnten. Die folgenden Bedenken werden auf der Tafel gelistet:

1) Alle Führungskräfte leiden unter Zeitmangel.
2) Es gibt eine deutliche Meinung im Team, dass John nicht die Kapazität hat, das BCMS zu moderieren, da er der geschäftsführende Gesellschafter ist.
3) Das Geschäft könnte während einer Hauptbelastungszeit von Auswirkungen betroffen werden (z.B. das Finanzteam ist sehr eingespannt am Jahresende, die Produktion ist im Frühjahr für Auslieferungen im Sommer am meisten beschäftigt etc.).
4) Es gibt kein Budget für das BCMS (z.B. für Schulungen und Sensibilisierung).
5) Es gibt kein Budget für BC-Strategien.
6) Es gibt keine Ablage für die erfasste BC-Information.
7) Es gibt keine Kenntnis, wie auf die BC-Pläne zugegriffen werden kann, wenn das Büro oder die IT-Systeme gestört sind.

Alle diese Bedenken werden bewertet, um das Ausmaß der Beeinträchtigung des BCMS zu ermitteln und Lösungen zu finden, wie das Risiko entschärft werden könnte. Im Ergebnis werden die folgenden Entscheidungen getroffen:

1) die Teamleiter werden mit John zusammenarbeiten, um Prioritäten auszubalancieren, wenn Konflikte auftreten;
2) von Nr. 1 abgedeckt;

3) The 18-month project plan will take this into consideration when scheduling workshops and meetings
4) Funding for the consultant will include the delivery of education and awareness
5) Defer this item until strategies have been costed
6) John will work with the consultant to research and recommend a BCMS software product
7) Covered by point 6

The consultant highlights that the BCMS also creates opportunities for business improvement. In discussing this with the leadership team, the following benefits were listed:

- Staff will receive education to improve their competency
- Staff will take comfort knowing that the BCMS will protect their livelihood
- The BCMS will improve everyone's understanding of the way the business operates

John then asks the consultant to present a high-level overview of the project stages that will deliver business continuity. The consultant spends a few minutes describing the purpose, the required participants and the outputs of the following key stages:

- Business Impact Analysis (BIA) – prioritization of activities and resources; Risk Assessment (RA) – identifying exposures that might disrupt critical activities and resources
- BC Strategy – defining how (e.g. capabilities and arrangements) the organization will meet the requirements of the BIA and RA
- BC Plans – documentation to be followed when disruptive incidents strike
- BC Exercise – structured facilitated activities to validate capability, documentation and staff competency.

After each of these stages, the leadership team will meet to discuss the results. Their objective is to approve the results and then confirmation that the next stage may commence. The consultant designs and documents the planning process. She explains the individual activities and sub-processes.

3) der Projektplan über 18 Monate wird dies bei der Terminierung von Workshops und Sitzungen berücksichtigen;
4) die Mittel für die Beraterin enthalten die Schulungen und Sensibilisierungsübungen;
5) dieser Punkt wird vertagt, bis die Strategien eingepreist sind;
6) John wird mit der Beraterin zusammenarbeiten, um eine BCMS-Software zu ermitteln und empfehlen;
7) von Punkt 6 abgedeckt.

Die Beraterin betont, dass das BCMS auch Chancen für die Geschäftsverbesserung hervorbringt. Bei der Diskussion dieses Punktes mit dem Führungsteam werden die folgenden Vorteile aufgeführt:

- Die Belegschaft erhält eine Ausbildung, um ihre Kompetenz zu verbessern.
- Die Belegschaft wird in dem Wissen, dass das BCMS ihren Lebensunterhalt absichert, beruhigt.
- Das BCMS wird jedermanns Verständnis, wie das Unternehmen funktioniert, verbessern.

John bittet daraufhin die Beraterin, einen zusammenfassenden Überblick über die Projektphasen zur Aufrechterhaltung der Betriebsfähigkeit vorzustellen. Diese verwendet ein paar Minuten auf die Beschreibung von Zweck, notwendige Teilnehmer und die Ergebnisse der folgenden Kernphasen:

- Business Impact Analyse (BIA) – Priorisierung von Aktivitäten und Hilfsmitteln/Ressourcen; Risikobeurteilung (RA) – Identifizierung von Gefahren, die kritische Aktivitäten und Ressourcen stören könnten
- Strategie – definieren, wie (Fähigkeiten und Maßnahmen) die Organisation ihre Anforderungen aus BIA und RA erfüllt
- BC-Pläne – Dokumentation die befolgt wird, wenn Störfälle eintreten
- BC-Übung – strukturierte, bereitgestellte Aktivitäten, um Fähigkeiten Dokumentation und Kompetenz der Belegschaft zu validieren.

Nach allen diesen Phasen wird sich das Führungsteam treffen, um die Ergebnisse zu diskutieren. Ziel ist es, die Ergebnisse zu genehmigen und dann zu bestätigen, dass die nächste Phase beginnen kann. Die Beraterin entwickelt und dokumentiert den Planungsprozess. Sie erläutert die einzelnen Aktivitäten und Teilprozesse.

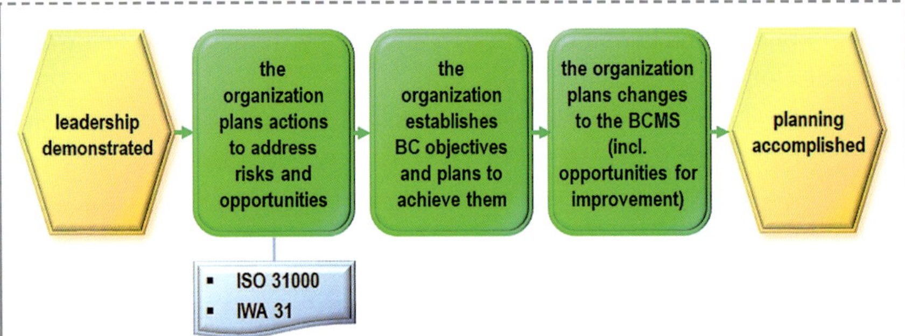

Figure CS.07: Process for planning

John says that he is very comfortable with this process. He acknowledges the benefits of planning in this way. John says that it is important that he and the team are in control of and trust the decision-making process.

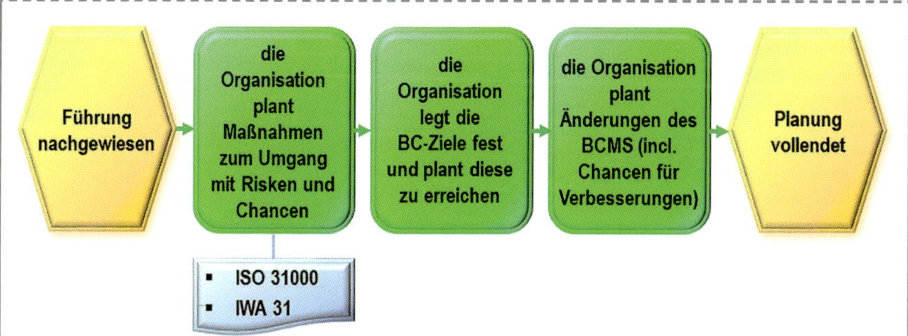

Abbildung FS.07: Prozess für die Planung

John sagt, dass er sehr zufrieden mit dem Prozess sei. Die Vorteile von Planung in dieser Art werden von ihm anerkannt. Er sagt, dass es wichtig sei, dass er und das Team den Entscheidungsprozess kontrollieren und ihm vertrauen.

7 Support

Clause 7 of the Standard focuses specifically on the following attributes required to support the business continuity management system:

- 7.1: Resources
- 7.2: Competence
- 7.3: Awareness
- 7.4: Communication
- 7.5: Documented Information

7.1 Resources

The resources needed to establish, implement, maintain and continually improve the management system shall be determined, reviewed and provided by top management.

Resources refer to a range of assets including competent people, facilities, information and data, ICT Systems and funding. The organization should never plan a business continuity management system beyond their resource capabilities, capacity and limitations. In such situations, the BCMS may need to be re-scoped (and risk assessed) to be supported by an acceptable level of resourcing.

7.2 Competence

The business continuity management system must be under the control of someone competent in the BCMS. Top management is responsible for determining the competence required to manage all aspects of the management system.

Competence is more than having skills or experience. It includes a variety of characteristics and interpersonal traits, including communications, people management and leadership. Where necessary, actions to acquire the required competence (e.g. training provided or reassignment of staff) shall be taken. Appropriate documented information shall be retained as evidence of competence.

7 Unterstützung

Abschnitt 7 der Norm konzentriert sich speziell auf die folgenden Merkmale, die das BCMS unterstützen sollen:

- 7.1: Hilfsmittel/Ressourcen
- 7.2: Kompetenz
- 7.3: Bewusstsein
- 7.4: Kommunikation
- 7.5: Dokumentierte Information

7.1 Hilfsmittel

Die Hilfsmittel, die für die Festlegung, Einführung, Erhaltung und fortlaufende Verbesserung des BCMS erforderlich sind, sollen von der obersten Leitung bestimmt, geprüft und zur Verfügung gestellt werden.

Hilfsmittel beziehen sich auf eine Reihe von Gütern, einschließlich kompetenter Belegschaft, Anlagen, Informationen und Daten, ITK-Systeme und Finanzierung. Die Organisation soll niemals ein BCMS außerhalb ihrer Möglichkeiten, Leistungsfähigkeit und Grenzen planen. In solchen Situationen sollte der Anwendungsbereich des BCMS u.U. auf ein annehmbares Niveau reduziert (und das Risiko bewertet) werden damit es von einem angemessenen Niveau oder Hilfsmitteln unterstützt wird.

7.2 Kompetenz

Das BCMS muss unter der Kontrolle von jemandem stehen, der für das BCMS kompetent ist. Die oberste Leitung trägt die Verantwortung für die Festsetzung der für die Steuerung aller Aspekte des Managementsystems erforderlichen Kompetenzen.

Kompetenz bedeutet mehr als Fähigkeiten und Erfahrung zu haben. Sie beinhaltet eine Reihe von Charakteristika und zwischenmenschliche Eigenschaften einschließlich Kommunikation, Menschenführung und Führungsverhalten. Wenn erforderlich, müssen Maßnahmen zum Erwerb der erforderlichen Kompetenzen (z.B. Schulung oder Versetzung von Personal) getroffen werden. Angemessene dokumentierte Information soll als Nachweis der Kompetenz behalten werden.

7.3 Awareness

Staff should be aware of the Business Continuity Policy, their contribution to the BCMS, the implications of non-conformity and their own role and responsibilities before, during and after disruptions.[16]

7.4 Communication

The internal and external communications relevant to the BCMS shall be determined including what will be communicated, when it will be communicated, with whom to communicate, how to communicate and who will communicate.[17]

7.5 Documented Information

The extent of documented information for a BCMS can differ from one organization to another and shall be customized to the size and type of the organization, the complexity of its processes and the competence of its staff.[18] However, as a minimum, the documented information must include that required by the Standard as it serves two key purposes:

- it ensures that the organization has the information it requires to meet the objectives of the BCMS
- it provides the evidence required to certify the organization against ISO 22301

When creating and updating documented information, the organization shall ensure the information is clearly identified and described, in an approved format, reviewed and approved.[19]

Documented information is to be controlled to ensure its availability, suitability, and adequate protection. Key considerations include: The storage, preservation (e.g. of legibility), retention, disposal, and control of changes (e.g. version control). The source of information (e.g. of external origin) might also require specific controls.[20]

16 ISO 22301:2019, clause 7.3

17 ISO 22301:2019, clause 7.4

18 ISO 22301:2019, clause 7.5.1

19 ISO 22301, clause 7.5.2

20 ISO 22301, clause 7.5.3

7.3 Bewusstsein

Die Belegschaft sollte die Leitlinien für die Aufrechterhaltung der Betriebsfähigkeit, ihren Beitrag zum BCMS, die Konsequenzen der Nichtkonformität und ihre eigene Rolle und Verantwortlichkeit vor, während und nach einer Störung kennen.[16]

7.4 Kommunikation

Die für das BCMS einschlägige interne und externe Kommunikation muss bestimmt werden, einschließlich dessen, was kommuniziert wird, wann es kommuniziert wird, wem es berichtet wird, wie es kommuniziert wird und wer es kommuniziert.[17]

7.5 Dokumentierte Information

Der Umfang der dokumentierten Information für ein BCMS kann von einer Organisation zu einer anderen unterschiedlich sein und sollte maßgeschneidert zur Größe und Art der Organisation, der Komplexität ihrer Prozesse und der Kompetenz der Belegschaft sein.[18] Allerdings muss die dokumentierte Information mindestens das enthalten, was die Norm verlangt, da sie zwei wesentliche Ziele hat:

- Sie stellt sicher, dass die Organisation die notwendige Information hat, um die Ziele des BCMS zu erreichen.
- Sie stellt den erforderlichen Beleg für die Zertifizierung gegen DIN EN ISO 22301 zur Verfügung.

Bei Erzeugung und Aktualisierung der dokumentierten Information soll die Organisation sicherstellen, dass diese klar identifizierbar und beschrieben, in einem genehmigten Format sowie überprüft und genehmigt ist.[19]

Dokumentierte Information soll überwacht werden, um ihre Verfügbarkeit und ihre Eignung zur Nutzung sowie ihren angemessenen Schutz sicherzustellen. Wesentliche Überlegungen müssen zu ihrer Speicherung und Erhaltung (einschließlich der Lesbarkeit), Aufbewahrung, Verfügungen über den weiteren Verbleib und die Überwachung von Änderungen (z. B. die Versionskontrolle) angestellt werden.[20]

16 DIN EN ISO 22301, Abschnitt 7.3

17 DIN EN ISO 22301, Abschnitt 7.4

18 DIN EN ISO 22301, Abschnitt 7.5.1

19 DIN EN ISO 22301, Abschnitt 7.5.2

20 DIN EN ISO 22301, Abschnitt 7.5.3

7.6 Checklist

It is suggested that checklists are generated for the support elements, customized to the individual organization, similar to the following example:

Table 2: Checklist on support (should be expanded and customized to the needs of the organization):

	Support	
(1)	Determine and provide resources	a) to achieve business continuity objectives b) to meet changing requirements c) to enable effective communication d) to provide for the ongoing operation
(2)	Competence of staff	a) determine the competence needed b) ensure education, training or experience c) evaluate action taken d) retain documented information
(3)	Awareness of staff	a) Business Continuity Policy b) their contribution to the BCMS c) the implications of not conforming d) their own roles before during and after a disruption
(4)	Communication	a) what will be communicated b) when will it be communicated c) with whom to communicate d) how to communicate e) who will communicate f) where to log the communique(s)

7.6 Prüfliste

Es wird vorgeschlagen, Prüflisten für die Elemente der Unterstützung maßgeschneidert für die jeweilige Organisation ähnlich dem folgenden Beispiel zu entwickeln:

Tabelle 2: Prüfliste zur Unterstützung (zu erweitern und maßgeschneidert auf die Bedürfnisse der Organisation anzupassen)

	Unterstützung	
(1)	Festlegung und zur Verfügung stellen von Hilfsmitteln	a) Die Ziele der Aufrechterhaltung der Betriebsfähigkeit erreichen b) sich ändernden Anforderungen stellen c) wirksame Kommunikation ermöglichen d) Vorkehrungen für durchgehenden Betrieb schaffen
(2)	Kompetenz der Belegschaft	a) die erforderliche Kompetenz bestimmen b) Ausbildung, Schulung oder Erfahrung sicherstellen c) verfolgte Maßnahme bewerten d) dokumentierte Information aufbewahren
(3)	Bewusstsein der Belegschaft	a) Leitlinie zur Aufrechterhaltung der Betriebsfähigkeit b) ihr Beitrag zum BCMS c) die Auswirkung der Nichtkonformität d) die eigenen Rollen vor, während und nach einer Störung
(4)	Kommunikation	a) was wird kommuniziert b) wann wird es kommuniziert c) mit wem wird kommuniziert d) wie wird kommuniziert e) wer kommuniziert f) wo wird das Kommuniqué aufgezeichnet

	Support	
(5)	Documented information	a) what is required by ISO 22301 b) what is determined to be necessary c) identify the information d) approved format e) reviewed and approved for suitability and adequacy f) availability and suitability when needed g) adequately protected and legibility preser-ved h) control of changes (version control)

Case Study JWC Part 5

Support

The consultant reminds John that the BCMS is an ongoing process. She suggests thinking of the BCMS like a living creature that needs food and attention. To keep the BCMS alive, John and his leadership team create the following checklist:

1) Determining and providing resources

- as Managing Director, John will be responsible for signing off the BC Policy and approving the deliverables of each stage of the BCMS cycle.
- for the first pass of the BCMS cycle, the consultant will facilitate workshops and meetings
- the Finance Manager is to nominate a member of the Finance team to assist the consultant by providing administrative support, e.g. scheduling workshops and booking meetings
- each member of the Leadership Team will be responsible for the quality of the BC information they provide to the consultant
- the Board Room will be used to facilitate workshops, review meetings and exercises
- the consultant will be allocated a workstation when on site

	Unterstützung	
(5)	Dokumentierte Information	a) was wird von ISO 22301 verlangt b) was wird für notwendig erachtet c) Informationen identifizieren d) genehmigtes Format e) Eignung und Angemessenheit überprüft und genehmigt f) im Bedarfsfall verfügbar und geeignet g) angemessen geschützt und Lesbarkeit bewahrt h) Kontrolle der Änderungen (Versionskontrolle)

Fallstudie JWC Teil 5

Unterstützung

Die Beraterin erinnert John, dass BCMS ein permanenter Prozess ist. Sie regt an, BCMS wie ein Lebewesen zu behandeln, das Nahrung und Zuwendung benötigt. Um das BCMS lebendig zu erhalten, entwickeln John und sein Führungsteam die folgende Prüfliste:

1) Hilfsmittel (Ressourcen) bestimmen und bereitstellen

- Als Geschäftsführer ist John für die Unterzeichnung der BC-Leitlinie und Bestätigung der Ergebnisse jeder Phase des BCM-Zyklus zuständig.
- Für den ersten Durchgang des BCMS-Zyklus moderiert die Beraterin Arbeitskreise und Besprechungen.
- Verantwortlich für die Finanzen soll ein Mitglied des Rechnungswesens nominiert werden, das die Beraterin durch verwaltungstechnische Hilfe unterstützt (z. B. Terminierung von Arbeitskreisen und Sitzungen).
- Jedes Mitglied des Führungsteams ist für die Qualität der BC-Information verantwortlich, die er der Beraterin zur Verfügung stellt.
- Der große Sitzungssaal wird zur Veranstaltung von Arbeitskreisen, Prüfungen und Übungen verwendet.
- Der Beraterin wird ein Bildschirmarbeitsplatz zur Verfügung stehen, wenn sie im Betrieb ist.

2) Competence of staff

- each workshop will be structured to include an education component explaining the purpose, the underpinning philosophies and how it relates to the international standard
- structured exercises will be used to improve response and the recovery team members' experience and competence
- position descriptions will be modified to include the related BCMS responsibilities and the requirement for BCMS education
- the HR Manager will track all education session undertaken by staff

3) Awareness of staff

- John will work with the Marketing Manager to design BCMS awareness messaging
- E-mail, intranet and posters in the tearoom will be the primary communication channels
- Each month John sets the BC theme which the Marketing Manager will design and distributes a message
- To kick-off the process, John decides that for the first month, there will be one message per week. The themes for the first month are:
  - JWC has a BC Policy – what is it, why have it and who does it apply to?
  - Are you concerned by a disaster striking JWC – where do you think we are exposed?
  - Should a disaster strike – who do you tell?
  - BCMS: Where do I fit in? – how do we all contribute to the BCMS?
- To kick-off the BCMS, John and the Marketing Manager announce a competition for all staff to create a catchy slogan promoting business continuity. The winner receives a dining voucher at a fancy restaurant for 2 people.

2) Kompetenz der Belegschaft

- Jeder Arbeitskreis wird so strukturiert, dass er eine Fortbildungskomponente enthält, mit dem Zweck, dahinterstehende Philosophien und den Bezug zur Norm zu erklären.
- Strukturierte Übungen werden genutzt, um die Erfahrung und Kompetenz der Mitglieder von Reaktions- und Wiederherstellungsteam zu verbessern.
- Aufgabenbeschreibungen werden geändert, damit sie die entsprechenden BCMS-Verantwortlichkeiten und die Anforderung an die BCMS-Ausbildung beinhalten.
- Der Personalverantwortliche wird alle Fortbildungen der Belegschaft nachverfolgen.

3) Sensibilisierung der Belegschaft

- John wird zusammen mit dem Verantwortlichen für Werbung BCMS-Sensibilisierungsbotschaften entwerfen.
- E-Mail, Intranet und Poster im Pausenraum werden die hauptsächlichen Kommunikationskanäle sein.
- Jeden Monat bestimmt John ein BC-Thema, für das der Verantwortliche für Werbung eine Botschaft entwirft und verteilt.
- Um den Prozess anzustoßen, entscheidet John, dass es im ersten Monat eine Botschaft pro Woche geben soll. Die Themen für den ersten Monat sind:

  a) JWC hat eine BC-Leitlinie, die erläutert, was dies ist, warum das BCMS erforderlich ist und auf wen es anzuwenden ist.

  b) Sind Sie beunruhigt, dass eine Störung JWC beeinträchtigen könnte und wo glauben Sie, dass Gefahr droht?

  c) Wen beachrichtigen Sie, sofern eine Störung eintritt?

  d) BCMS: Wohin gehöre ich? Wie tragen wir alle zum BCMS bei?
- Um das BCMS anzustoßen, initiieren John und der Verantwortliche für Werbung einen Wettbewerb unter der Belegschaft, um einen einprägsamen Slogan zur Förderung von Business Continuity zu entwickeln. Der Gewinner erhält einen Gutschein eines schicken Restaurants für ein Abendessen für zwei Personen.

4) Communication

- John and the Marketing Manager create a schedule of messaging
- They consider:
  1) The message to be conveyed (e.g. BIA workshops start next week)
  2) Message target groups (e.g. all staff)
  3) Frequency of messaging (e.g. monthly)
  4) Channel(s) for the messages (e.g. intranet and email)
  5) From whom will the messages be sent (e.g. John)

5) Documented information

- John and the consultant agree that ISO 22301's core deliverables are: BC Policy, BIA report, BC Strategy Report, BC Plans and one BC Exercise Report
- Response and recovery documentation will be defined later in the project
- All training and awareness session will be scheduled and documented by the HR Manager in a register, recording the participants, date, time, duration, subject matter and results of assessment (if an assessment was undertaken)
- The structure and format of documentation will be determined, in part, by the choice of BCMS software selected for implementation. Until then, spreadsheets will store data and reports and plans will be written via word processor.

John suggests to the consultant that they design and document the support process together and jointly they map out the elements of the process.

John feels confident that the business has clarity of the purpose and process for implementing the BCMS. The information is measurable, which allows for evaluation and improvement.

Figure CS.08: Process for support

4) Kommunikation

- John und der Verantwortliche für Werbung entwerfen einen Zeitplan für Informationen.
- Sie berücksichtigen:
  a) welche Nachricht übermittelt werden muss (z. B. BIA-Arbeitskreise beginnen nächste Woche);
  b) Zielgruppen der Nachrichten (z. B. die gesamte Belegschaft);
  c) Frequenz der Botschaften (z. B. monatlich);
  d) Kanal der Botschaften (z. B. Intranet und E-Mail);
  e) wer ist Absender der Botschaft (z. B. John).

5) Dokumentierte Information

- John und die Beraterin sind sich einig, dass die wichtigsten von der DIN EN ISO 22301 geforderten Unterlagen die BC-Leitlinie, der BIA-Bericht, der Strategie-Bericht, die BC-Pläne und ein Bericht zu einer BC-Übung sind.
- Zwischenfallreaktions- und Wiederherstellungs-Dokumentation sollen später im Projekt definiert werden.
- Alle Schulungs- und Sensibilisierungstermine werden von dem Personalverantwortlichen angesetzt und in einem Verzeichnis dokumentiert. Dabei werden die Teilnehmer, Datum, Uhrzeit, Dauer, Gegenstand und Bewertungsergebnisse (sofern eine Bewertung erfolgte) aufgeführt.
- Struktur und Format der Dokumentation werden festgelegt – zum Teil durch die BCMS-Software, die zur Einführung ausgewählt wurde. Bis dahin werden die Daten auf Tabellenblättern festgehalten und Berichte und Pläne mit einem Schreibprogramm erstellt.

John schlägt der Beraterin vor, den Unterstützungsprozess zusammen mit ihr zu entwerfen und dokumentieren. Zusammen modellieren sie den Prozess.

John ist zuversichtlich, dass das Unternehmen Klarheit über Zweck und Prozess zur Einführung des BCMS hat. Die Information ist messbar, was Bewertung und Verbesserung ermöglicht.

Abbildung FS.08: Prozess für die Unterstützung

Step 2: Do

Schritt 2: Durchführen

8 Operation

The BCMS is the management system for maintaining and improving the organization's business continuity capabilities. Clause 8 is the section for defining and implementing those capabilities. There are four steps:

- subclause 8.2: defines the organization's business continuity requirements and the exposures that have been identified (via the BIA and RA)
- subclause 8.3: defines the strategies for meeting the business continuity requirements, mitigating the exposures and selecting solutions for implementation
- subclauses 8.4 & 8.5: define how to implement those solutions by way of controls, capability, plans, teams of competent people and maintaining an exercise programme.
- subclause 8.6: defines how to prove that the capability, plans and teams of competent people collectively meet the requirements identified in the BIA (see subclause 8.2)

8.1 Operational Planning and Control

All organizations exist for a purpose. Regardless of whether the organization is public or private, commercial or not-for-profit, it exists to deliver products and services to interested parties – also known as stakeholders.

Disruption results in the inability of business activities to deliver products and services. If the duration of the disruption is sufficiently long and the impact on interested parties is sufficiently significant, the organization will fail. However, not every business activity is critical to the organization's survival.

The term 'critical' should not be confused with the term 'important'. Every business activity is important. If it's not important then it would not be performed. But not every business activity is critical, requiring urgent restoration when disruption strikes.

There is a subtle difference between why an organization can fail after a disruption and why a business activity cannot deliver its products and services.

8 Betrieb

Das BCMS ist das System der Unternehmensführung zur Erhaltung und Verbesserung der Fähigkeit des Unternehmens zur Aufrechterhaltung seiner Betriebsfähigkeit. Abschnitt 8 beschreibt wie diese Fähigkeiten festgelegt und umgesetzt werden. Es gibt vier Schritte:

- Abschnitt 8.2: definiert die Business-Continuity-Anforderungen und Gefährdungen der Organisation (mittels BIA und RA).
- Abschnitt 8.3: definiert die Strategien, um die Business-Continuity-Anforderungen zu erfüllen, die Gefährdungen zu entschärfen und Lösungen zur Umsetzung auszuwählen.
- Abschnitt 8.4 und 8.5: definieren, wie diese Lösungen durch Steuerungsmaßnahmen, Leistungsfähigkeit, Pläne und Teams kompetenten Personals umgesetzt werden und ein Übungsprogramm eingehalten wird.
- Abschnitt 8.6: definiert, wie nachgewiesen wird, dass Leistungsfähigkeit, Pläne und Teams kompetenten Personals zusammen die Anforderungen der BIA erfüllen (vgl. Abschnitt 8.2).

8.1 Betriebliche Planung und Steuerung

Alle Organisationen haben einen Zweck. Unabhängig davon, ob eine Organisation öffentlich-rechtlich oder privat, gewerbsmäßig oder gemeinnützig tätig ist, besteht sie, um Produkte und Dienstleistungen an interessierte Parteien – auch Stakeholder genannt – zu liefern.

Störungen können dazu führen, dass die geschäftlichen Aktivitäten Produkte und Dienstleistungen nicht mehr uneingeschränkt liefern können. Wenn die Störung hinreichend lang dauert und die Auswirkung auf die interessierten Parteien hinreichend erheblich ist, wird die Organisation zusammenbrechen. Allerdings ist nicht jede Geschäftsaktivität maßgeblich für das Überleben der Organisation.

Der Begriff »maßgeblich« sollte nicht mit dem Begriff »wichtig« verwechselt werden. Jede geschäftliche Aktivität ist wichtig (wäre sie nicht wichtig, würde sie nicht ausgeführt). Aber nicht jede geschäftliche Aktivität ist maßgeblich und erfordert eine dringende Wiederherstellung, wenn eine Störung erfolgt.

Es gibt einen feinsinnigen Unterschied zwischen dem Grund für das Zusammenbrechen eines Unternehmens und dem Grund, dass eine geschäftliche Aktivität Produkte und Dienstleistungen nicht liefern kann.

- Business failure results from poor or non-existent continuity capability, plans, or teams of competent people. Falsely, many people blame the cause of the disruption, e.g. earthquake, cyber-attack, storm, pandemic, human error etc. for the failure of the organization.
- Business activities cannot deliver their products and/or services, because the cause of the disruption results in the loss of one or more critical resources.

When responding to disruption, top management must understand the relative urgency of restoring the disrupted business activities. Decisions have to be based on the magnitude of impact resulting from not providing products and services to the interested parties. This is the purpose of the Business Impact Analysis.

Case Study JWC Part 6

Operation

Now that the BCMS has been established and all staff understand the importance of protecting the organization from disruption, John and his leadership team are guided by the consultant to plan the process for creating the appropriate protection. The consultant explains the high-level steps to be:

- Business Impact Analysis (BIA) – prioritization of activities and resources; Risk Assessment (RA) – identifying exposures that might disrupt critical activities and resources
- BC Strategy – defining how (e.g. capabilities and arrangements) the organization will meet the requirements of the BIA and RA
- BC Plans – documentation to be followed when disruptive incidents strike
- BC Exercise – structured facilitated activities to validate capability, documentation and the competency of staff

- Das Zusammenbrechen des Unternehmens erfolgt wegen schlechter oder nicht vorhandener Leistungsfähigkeit, Pläne, Teams mit kompetentem Personal. Intuitiv geben viele Menschen irrtümlich der Ursache einer Störung wie z. B. einem Erdbeben, einem Cyber-Angriff, einem Sturm, einer Pandemie, menschlichem Versagen etc. die Schuld an dem Zusammenbrechen der Organisation.
- Die geschäftliche Aktivität kann Produkte oder Dienstleistungen nicht liefern, weil die Ursache einer Störung zu dem Verlust einer oder mehrerer maßgeblichen Ressourcen führt.

Wenn auf eine Störung reagiert wird, muss die oberste Leitung die Dringlichkeit der Wiederherstellung der gestörten geschäftlichen Aktivität verstehen. Entscheidungen müssen auf der Basis des Ausmaßes der Auswirkung der Nichtlieferung von Produkten und Dienstleistungen an interessierte Parteien getroffen werden. Das ist der Zweck der Analyse geschäftlicher Auswirkungen (Business Impact Analysis – BIA).

Fallstudie JWC Teil 6

Betrieb

Nachdem das BCMS entwickelt ist und die gesamte Belegschaft, die Dringlichkeit des Schutzes der Organisation vor Störungen versteht, werden John und sein Führungsteam von der Beraterin angeleitet, um den Prozess für angemessenen Schutz zu planen. Die Beraterin erläutert die übergeordneten Schritte wie folgt:

- Business Impact Analyse (BIA) – ordnen der Aktivitäten und Ressourcen nach Prioritäten; Risikobewertung (RA) – Gefahren identifizieren, die Störungen von wesentlichen Aktivitäten und Ressourcen verursachen können.
- Strategie – definieren, wie die Organisation ihre Anforderungen aus BIA und RA erfüllen wird (z. B. Fähigkeiten und Regelungen).
- BC-Pläne – Dokumentation, die bei einem Störfall befolgt wird.
- Übungen – strukturierte, unterstützte Aktivität um Fähigkeiten, Dokumentation und die Kompetenz der Belegschaft zu validieren.

Collectively, the team aligns these 4 steps to the calendar over an 18 month period ensuring that business operations are not impacted during peak periods of operation, e.g. Finance team is very busy at the end of the financial year, manufacturing of commercial products is the busiest in spring for deliveries in summer etc.

8.2 Business Continuity Requirements

The organization shall use a defined process for analyzing business impacts. Clause 8.2.2. of ISO 22301 can be summarized as:

- Review the impact metrics to be used during the BIA
- Identify prioritized business activities (i.e. sequenced for recovery)
- Identify dependent resources (also sequenced for recovery)

8.2.1 BIA Metrics

Clause 8.2.2 requires consideration of two type of metrics:

- Impact Types – describing the magnitude of impact in terms of the nature or type of impact
- Timeframe – describing the period of time over which the magnitude of impact will be assessed.

8.2.1.1 Impact Types

Top management needs to understand the impact over time that the disruption would have on the organization and the interested parties. This requires metrics.

It is typical for the organization to draw its metrics from the table of consequences in Risk Management. However, business continuity philosophy is different from that of risk management.

Zusammen stimmt das Team diese vier Schritte mit dem Kalender über die nächsten 18 Monate ab und stellt dabei sicher, dass der Geschäftsbetrieb während der Stoßzeiten des Betriebs nicht beeinträchtigt wird (z. B. ist das Team, das für die Finanzen verantwortlich ist, am Ende des Geschäftsjahres sehr eingespannt, die Produktion der gewerblichen Produkte ist im Frühjahr für Auslieferungen im Sommer am meisten beschäftigt etc.).

8.2 Anforderungen an die Aufrechterhaltung der Betriebsfähigkeit

Die Organisation soll einen Prozess zur Analyse geschäftlicher Auswirkungen nutzen. Abschnitt 8.2.2 der DIN ISO 22301 kann wie folgt zusammengefasst werden:

- Bewertung der Kennzahlen für die Auswirkungen, die in der BIA genutzt werden,
- Identifikation der priorisierten geschäftlichen Aktivitäten (in der Reihenfolge der Wiederherstellung),
- Identifizierung der Ressourcen, auf die man angewiesen ist (auch in der Reihenfolge der Wiederherstellung).

8.2.1 BIA-Kennzahlen

Abschnitt 8.2.2 erfordert die Beachtung von zwei Typen von Kennzahlen:

- die Auswirkungen betreffende Kennzahlen – beschreiben das Ausmaß der Auswirkungen bezogen auf die Natur oder die Art der Auswirkung,
- den Zeitrahmen betreffende Kennzahlen – beschreiben den Zeitraum über den das Ausmaß der Auswirkung bewertet wird.

8.2.1.1 Die Auswirkungen betreffende Kennzahlen

Die oberste Leitung muss die Auswirkung, die die Störung auf die Organisation und die interessierten Parteien im Zeitablauf hat, verstehen. Dafür sind Kennzahlen erforderlich.

Es ist üblich, dass Organisationen ihre Kennzahlen aus der Tabelle der Konsequenzen des Risikomanagements entnehmen. Allerdings unterscheidet sich die Philosophie der Aufrechterhaltung der Betriebsfähigkeit von der Philosophie des Risikomanagements.

- When managing risk, one will ask: "What is the consequence of a threat striking (e.g. fire in the call center may cause injuries and fatalities)"?
- In managing business continuity, one will ask: "What is the impact over time of a business activity being disrupted (e.g. call center is disrupted for 5 days which results in a 20 % drop in revenue)"?

As such, careful consideration should be given to deciding the appropriateness of using Risk Categories for the BIA. Examples of Impact Types include:

- Financial – losses due to fines, penalties, lost profits, increased operating costs or diminished market share
- Market share – loss of revenue due to permanent loss of customers
- Reputational – negative opinion or brand damage
- Operational – extent and duration of disruption to flow of business operations
- Legal and regulatory – litigation liability and withdrawal of license to trade
- Contractual – breach of contracts or obligations between organizations

Each Impact Type will be defined on a scale (e.g. 1 to 5). This will denote an increasing magnitude of impact (e.g. level 1 Market Share loss is 5 % and level 5 Market Share loss is 40 % or more). There is a tendency to label each scale level (e.g. major, significant etc.). This may introduce inconsistencies, if the metric is overlooked or ignored and selection is made purely on what the person believes the labels to mean.

8.2.1.2 Timeframe

The metric of time is used to recognize that the impact may change (e.g. become greater in magnitude), as the disruption continues. Examples include: "0 – 4 hours" or "1 day, 1 week and 1 month" etc. The timeframe must be selected to suit the context of the organization. For example, a company providing education may easily tolerate a disruption of 1 week. Therefore, its timeframe might be 1 week, 3 weeks, 6 weeks. However, a hospital might have timeframes of 1 hour, 6 hours, 1 day, 3 days, 5 days.

- Im Zusammenhang mit Risiko wird gefragt: Was ist die Konsequenz einer eintretenden Gefahr (z. B. kann ein Feuer im Callcenter Verletzungen und Tod hervorrufen).
- Zur Aufrechterhaltung der Betriebsfähigkeit wird hingegen gefragt, was die Auswirkung der Störung einer Geschäftsaktivität über die Zeit gesehen ist (z. B. ist das Callcenter für 5 Tage gestört, was zu einem Umsatzrückgang in Höhe von 20 % führt).

Daher sollten sorgfältige Erwägungen für die Entscheidung zur Angemessenheit von Risikokategorien für die BIA in Betracht gezogen werden. Beispiele für die die Auswirkungen betreffenden Typen beinhalten:

- Finanziell – Verluste aufgrund von Geldbußen, Strafen, verlorenen Gewinnen, höheren Betriebskosten oder geringerer Marktanteile;
- Marktanteile – Umsatzverluste durch dauerhaften Verlust von Kunden;
- Ruf – negative Meinungen oder Schaden für die Marke;
- Betrieblich – Ausmaß und Dauer einer Störung auf den Verlauf des operativen Geschäfts;
- Rechtlich und behördlich – Haftung im Rahmen von rechtlichen Auseinandersetzungen und Verlust gewerblicher Lizenzen;
- Vertraglich – Vertragsbruch oder Nichteinhaltung von Verpflichtungen zwischen Organisationen.

Jede Auswirkungsart wird auf einer Skala (z. B. 1 bis 5) in ansteigendem Ausmaß seiner Auswirkung umschrieben (z. B. Stufe 1 bedeutet einen Verlust von 5 % der Marktanteile und Stufe 5 bedeutet ein Verlust von 40 % oder mehr). Es gibt eine Tendenz alle Stufen der Skala zu umschreiben (z. B. mit groß, erheblich etc.). Hierdurch können Widersprüche entstehen, wenn die Kennzahl übersehen wird oder unbeachtet bleibt und die Auswahl nur darauf beruht, was eine Person glaubt, was die Begriffe meinen.

8.2.1.2 Den Zeitrahmen betreffende Kennzahlen

Die Kennzahl der Zeit wird benutzt, um zu verstehen, dass Auswirkungen sich ändern können (z. B. anwachsen), wenn die Störung andauert. Beispiele können »0 – 4 Stunden « oder »ein Tag«, »eine Woche« oder »ein Monat« etc. lauten. Der Zeitrahmen muss so gewählt werden, dass er zum Umfeld der Organisation passt. Zum Beispiel kann ein Unternehmen, das Ausbildung anbietet, leicht eine Störung von einer Woche tolerieren, sodass die Stufen seines Zeitrahmens »eine Woche«, »drei Wochen« und »6 Wochen« lauten kann. Aber ein Kranken-

8.2.2 Business Impact Analysis

8.2.2.1 Prioritized Activities

Usually facilitated via workshops, the BIA is a process where business activity or process owners examine the impact over time, resulting from disrupted business activities (note that the cause of the disruption is irrelevant). The objective is to determine how quickly (or slowly) the business activity needs to be restored. The impact is examined in terms of impact types and timeframes.

This process pursues two metrics of time for each activity: the Maximum Tolerable Period of Disruption (MTPD) and the Recovery Time Objective (RTO).[21]

Figure 4 shows an increasing magnitude of impact over time resulting from a disruption. The point in time where the magnitude of impact is considered unacceptable is denoted the MTPD.[22] You could consider this to be the point in time where the organization fails operationally, politically, financially or in some other way. Backlogs may become so significant that it is impossible to catchup or reputation is irreversibly damaged etc. This is the point that threatens the organization's existence.

As significant as the MTPD is, it is not the timeframe by which the organization should aim to restore the disrupted business activity. This would be too risky and therefore too late! Causes of disruption can be significant in magnitude and complex to deal with, which risks the organization's ability to restore by the MTPD.

Figure 5 shows the RTO as the point in time, prior to the MTPD that:

- provides some contingency in case response and recovery does not quite go to plan
- takes into consideration the tolerance of the interested party to be understanding of the situation.
- sets a timeframe for resuming disrupted activities at a specified minimum acceptable capacity.[23]

21 ISO 22301 clause 8.2.2., notes to d) and e)

22 ISO 22301, clause 8.2.2, d)

23 ISO 22301, clause 8.2.2 e)

haus kann Stufen im Zeitrahmen von »einer Stunde«, »sechs Stunden«, »einem Tag«, »drei Tagen« oder »5 Tagen« benötigen.

8.2.2 Business Impact Analyse

8.2.2.1 Aktivitäten mit Priorität

Üblicherweise in Workshops durchgeführt, ist die BIA ein Prozess, in dem die Eigner von Geschäftsaktivitäten oder Prozessen die durch eine gestörte Geschäftsaktivität verursachte Auswirkung in der zeitlichen Entwicklung untersuchen (wohlgemerkt der Grund für die Störung ist nicht relevant). Ziel ist es, zu ermitteln, wie schnell (oder langsam) eine Geschäftsaktivität wiederhergestellt werden muss. Die Auswirkung wird in Bezug auf Art und Zeitrahmen untersucht.

Dieser Prozess verfolgt zwei zeitliche Kennzahlen für jede Aktivität: die maximal zulässige Dauer der Störung (Maximum Tolerable Period of Disruption – MTPD) und das Planziel für die Dauer der Wiederherstellung (Recovery Time Objective – RTO).[21]

Abbildung 4 stellt das Anwachsen der Auswirkungen einer Störung in der zeitlichen Entwicklung dar. Der Zeitpunkt zu dem die Auswirkung einer Störung für inakzeptabel gehalten wird, wird MTPD genannt.[22] Dies kann als Zeitpunkt verstanden werden, zu dem die Organisation betrieblich, politisch, finanziell oder in anderer Art versagt. Verzögerungen können so bedeutsam werden, dass man sie nicht mehr aufholen kann oder der Ruf unwiederbringlichen Schaden genommen hat etc. Das ist der Zeitpunkt, zu dem die Existenz der Organisation bedroht ist.

So wichtig wie die MTDP ist, so ist es doch nicht der Zeitrahmen innerhalb dessen die Organisation die Wiederherstellung der gestörten Geschäftsaktivität anstreben sollte. Das wäre zu risikoreich und daher zu spät! Die Gründe für eine Störung können in der Auswirkung erheblich und in der Behandlung komplex sein, sodass die Fähigkeit der Organisation zur Widerherstellung zum Zeitpunkt der MTPD im Risiko steht.

Abbildung 5 stellt das RTO als den Zeitpunkt vor dem MTPD dar, der

- Reserven zur Verfügung stellt, falls Reaktion und Wiederherstellung nicht ganz planmäßig ablaufen
- die Toleranz der Stakeholder im Verständnis der Situation berücksichtigt

21 DIN EN ISO 22301, Abschnitt 8.2.2, Anmerkungen zu den Unterabsätzen d) und e)

22 DIN EN ISO 22301, Abschnitt 8.2.2, d)

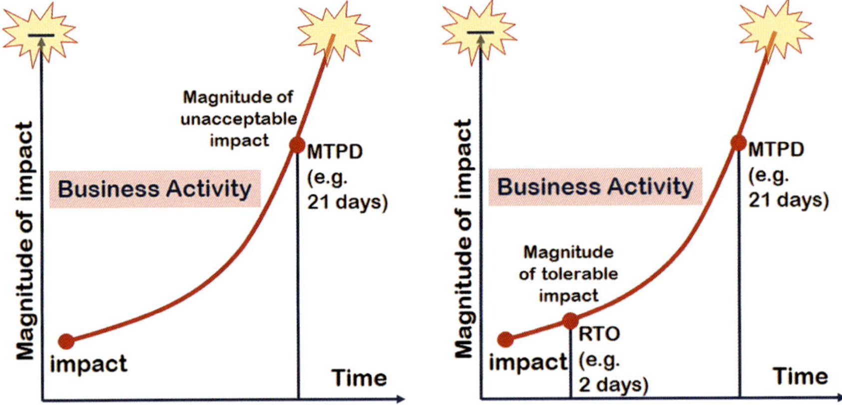

Figure 4: MTPD on the timeline

Figure 5: RTO on the timeline

By assigning an RTO to each activity, it becomes a simple process to sequence their recovery in ascending RTO order. This analysis is used to identify Prioritized Activities.[24] Careful consideration may be required to identify dependencies between business activities, which may result in an RTO adjustment to the preceding activity.

While not described in ISO 22301, ISO 22313 suggests that you may consider the opportunity to revise the scope of the BCMS to include activities up to a certain RTO threshold (e.g. 21 days). This may be a key consideration, if the organization does not have sufficient capacity or resources to progress the BC programme for all prioritized activities or did not prioritize activities adequately.

8.2.2.2 Dependencies

As described earlier, disruption results in the unavailability of one or more resources. The resource dependency analysis within the BIA seeks to identify the materially important resources used by each activity and in doing so, al-

24 ISO 22301, clause 8.2.2, f

– einen Zeitrahmen für die Wiederaufnahme der gestörten Aktivitäten mit einer festgelegten Mindestkapazität fixiert.[23]

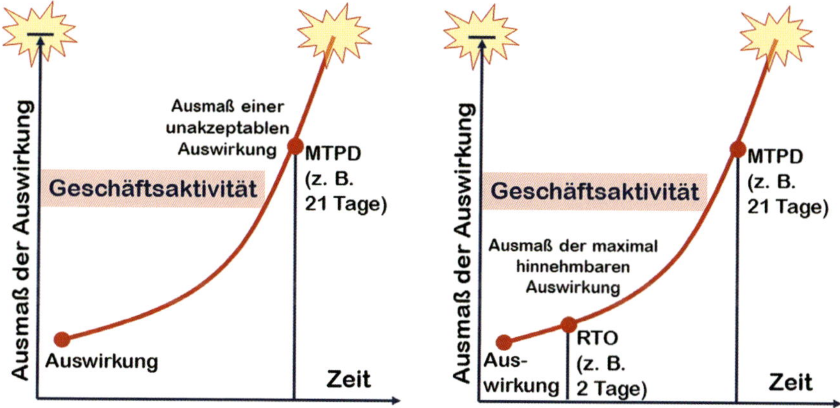

Abbildung 4: MTPD auf der Zeitachse

Abbildung 5: RTO auf der Zeitachse

Indem jeder Aktivität ein RTO zugeordnet wird, wird die Einordnung in einer aufsteigenden RTO-Liste zu einem einfachen Prozess. Diese Analyse wird dazu genutzt, die Aktivitäten mit Priorität zu identifizieren.[24] Sorgfältige Abwägung kann erforderlich sein, um die Abhängigkeiten zwischen den Geschäftsaktivitäten zu identifizieren, die eine RTO-Anpassung zu der vorangehenden Aktivität erfordern.

Zwar nicht in der DIN EN ISO 22301 beschrieben, empfiehlt die DIN EN ISO 22313 die Gelegenheit zu berücksichtigen, den Anwendungsbereich der Aufrechterhaltung der Betriebsfähigkeit zu überarbeiten, um Aktivitäten bis zu einem bestimmten RTO (z. B. 21 Tage) einzubeziehen. Das könnte eine entscheidende Überlegung sein, wenn die Organisation nicht über genügend Leistungsfähigkeit oder Ressourcen verfügt, um das Programm zur Aufrechterhaltung der Betriebsfähigkeit für alle Aktivitäten durchzuführen.

8.2.2.2 Abhängigkeiten

Wie zuvor beschrieben, hat eine Störung zur Folge, dass Ressourcen nicht zur Verfügung stehen. Die Ressourcen-Abhängigkeits-Analyse innerhalb der BIA

23 DIN EN ISO 22301, Abschnitt 8.2.2, e)

24 DIN EN ISO 22301, Abschnitt 8.2.2, f)

lows the organization to assign an RTO to each resource for recovery purposes. Resources include people, information and data, buildings, workplaces and associated utilities, equipment and consumables, ICT systems, transportation and logistics, finance, partners and the organization's supply chain.

Figure 6 shows a Resource Recovery inheriting the RTO of its activity

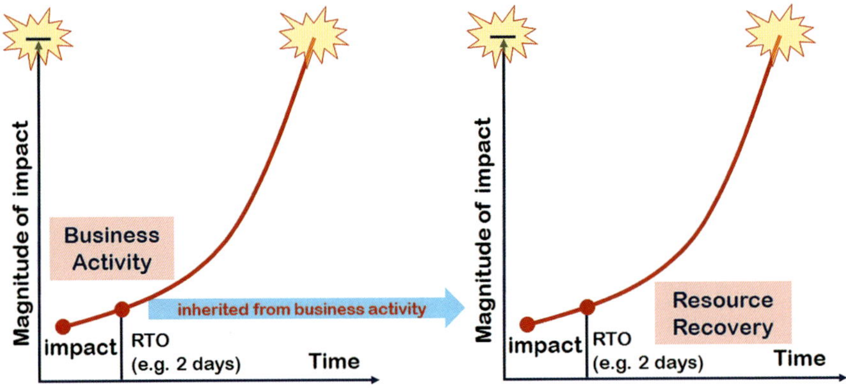

Figure 6: Resource to activity relationship

While not described in ISO 22301, there may be more than one relationship between resources and business activities. For example, many activities of the organization require the finance system (i.e., as a resource). The activities will most likely have different RTOs – for payroll 3 days and for procurement 14 days. The RTO for the recovery of the finance system is inherited from the activity with the shortest RTO which will reflect the most critical relationship – in this case 3 days.

While not described in ISO 22301, the metric Recovery Point Objective (RPO) is used to define how current (i.e., up to date) data and information must be, after it has been restored[25], to support the needs of the activity. For example:

1) Patient Admission system has an RTO of 4 hours with an RPO of 24 hours (i.e., daily data back-ups are required). This is sufficient because, re-keying

25 ISO 22313, clause 8.2.2

strebt die Identifikation der materiell wichtigen Ressourcen an, die bei jeder Aktivität genutzt werden. Damit wird es für die Organisation möglich, ein RTO jeder Ressource für Wiederherstellungszwecke zuzuordnen. Zu den Ressourcen gehören Menschen, Informationen und Daten, Gebäude, Arbeitsplätze und damit verbundene Betriebsmittel, Ausrüstungsgegenstände und Verbrauchsmaterial, ITK-Systeme, Transport und Logistik, Kapital sowie Partner und die Lieferkette der Organisation.

Abbildung 6 zeigt die Wiederherstellung der Ressource, die die RTO der dazugehörigen Aktivität übernimmt.

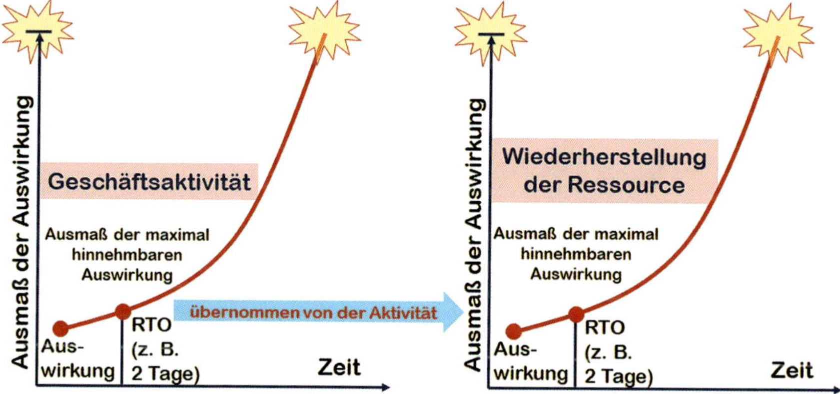

Abbildung 6: Beziehung zwischen Hilfsmittel und Aktivität

DIN EN ISO 22301 geht darauf zwar nicht ein, aber es kann mehrere Beziehungen zwischen Hilfsmitteln (Ressourcen) und geschäftlichen Aktivitäten geben. Zum Beispiel benötigen viele Aktivitäten einer Organisation das Finanzsystem (als Ressource). Die Aktivitäten haben höchstwahrscheinlich unterschiedliche RTOs – für die Gehaltszahlungen 3 Tage und für die Beschaffung 14 Tage. Das RTO für das Finanzsystem wird von der Aktivität mit dem kürzesten RTO übernommen, das die kritischste Beziehung spiegelt – hier 3 Tage.

Während sie nicht in der DIN EN ISO 22301 beschrieben ist, wird die Kennzahl zum Planziel für den Wiederherstellungspunkt (Recovery Point Objective – RPO) dafür genutzt, die erforderliche Aktualität der Daten und Informationen bei der Wiederherstellung der Aktivität zu definieren.[25] Zum Beispiel:

25 DIN EN ISO 22313, Abschnitt 8.2.2

lost data is more cost-effective than implementing a more frequent data back-up capability.

2) Online purchasing system has an RTO of 4 hours and an RPO of zero (i.e., transactions are constantly being backed-up). This is required to ensure that when the system is restored (i.e., at 4 hours) the data reflects all purchase transactions up to the point of failure.

These two examples also highlight that there is no relationship between the RTO and the RPO.

Case Study JWC Part 7

Determining requirements

The consultant explains to John that the objective of the BIA is to define when each resource needs to be up and running to keep his business going. They discuss how different parts of his business being interrupted would impact the business in different ways and they need to find a way to measure that impact.

The consultant asks John to describe the ramifications of a disaster stopping the business. He asks "John, why might you go out of business?" John highlights that he needs:

- Cash flow or he cannot pay staff and purchase supplies
- to produce high quality products, or his customers might be unhappy with the product or may sue him for damages
- deliver on time or his customer community may not trust him to fulfil their orders

They agree to use three impact types: Financial, Legal/Contractual and Reputational. They also agree that it might take 6 weeks for the business to collapse, if something disrupted the business, so to understand the impact over time before the business is 'on-the-rocks', they set three timeframes of 1 week, 2 weeks and 4 weeks.

1) Ein Patientenaufnahmesystem mit einem RTO von vier Stunden und einem RPO von 24 Stunden (das bedeutet ein tägliches Back-up) ist ausreichend, weil die Wiederherstellung verlorener Daten kosteneffizienter ist, als die Umsetzung einer häufigeren Back-up-Fähigkeit.
2) Ein Online-Einkaufssystem mit einem RTO von vier Stunden und einem RPO von Null (das bedeutet ein fortlaufendes Back-up der Transaktionen) ist erforderlich, um sicherzustellen, dass das innerhalb von vier Stunden wiederhergestellte System alle Einkaufstransaktionen bis zum Störungszeitpunkt darstellt.

Diese beiden Beispiele verdeutlichen, dass es keine Beziehung zwischen RTO und RPO gibt.

Fallstudie JWC Teil 7

Anforderungen festlegen

Die Beraterin erläutert John, dass das Ziel der BIA ist, zu definieren, wann jede Ressource verfügbar sein muss, um sein Geschäft in Gang zu halten. Sie diskutieren, wie die Störung verschiedener Teile des Geschäfts Auswirkungen auf das Unternehmen in unterschiedlicher Art hätte und sie einen Weg finden müssen, diese Auswirkungen zu messen.

Die Beraterin bittet John, die Konsequenz eines Störfalls, der den Betrieb zum Stillstand bringt, zu beschreiben. Sie fragt: »John, was verursacht, dass Du das Unternehmen schließen müsstest?« Dieser betont, dass er Folgendes benötigt:

- Cashflow, um die Belegschaft zu bezahlen und Material einzukaufen
- Hochwertige Erzeugnisse produzieren, oder seine Kunden sind u.U. unzufrieden mit dem Produkt oder klagen auf Schadensersatz
- Pünktlich liefern oder seine Kunden trauen ihm u.U. nicht zu, ihre Bestellungen zu erfüllen.

John und die Beraterin vereinbaren, drei Auswirkungsarten zu nutzen: Finanzielle, rechtliche/vertragliche und auf den Ruf bezogene. Sie sind sich weiterhin einig, dass es 6 Wochen dauern mag, bis der Betrieb zusammenbricht, wenn dieser von einem Störfall betroffen ist. Daher legen sie den Zeitrahmen auf 1 Woche, 2 Wochen und 4 Wochen fest, um die Auswirkungen in Bezug auf die Zeit zu verstehen, bevor der Betrieb in Schwierigkeiten ist.

To lighten the workload of the team, the consultant recommends splitting the BIA into two workshops: One on the impact of business activities being disrupted and the other identifying the resources each activity depends on to operate.

The consultant facilitates a BIA workshop and the department managers are asked to consider when, over the three timeframes, the impact of their activities stopping would be so severe that the business would fail. They now understand why the point of failure is called the Maximum Tolerable Period of Disruption (and the consultant captures this as the MTPD).

Then the consultant asks the managers to say when each activity must recommence to keep the business running and avoid failure. Setting this timeframe required a discussion about who would be impacted if something happened and when they might require this activity to be back up and running. This ensures that the recovery time is well within the maximum tolerance that could influence the ongoing success of the business! They now understand why this is called the Recovery Time Objective (RTO).

The consultant sorts all the activities in RTO order (i.e., prioritizes the activities). This naturally means that the most critical (i.e., urgent) activities are the top. John is excited that his leadership team has just described the sequence of their priorities if something really went wrong. The following is a short extract of the BIA results:

activity	MTPD	RTO
Payroll	4 weeks	3 days
Customer support	2 weeks	4 days
Commercial product manufacturing	4 weeks	1 week
Accounts receivable	4 weeks	2 weeks
Marketing	>5 weeks	2 weeks
Procurement – raw material	>5 weeks	3 weeks
Accounts payable	>5 weeks	4 weeks

Um die Arbeitsbelastung des Teams zu reduzieren, empfiehlt die Beraterin, die BIA in zwei Arbeitstagungen aufzuteilen: eine zu den Auswirkungen auf die gestörten geschäftlichen Aktivitäten und die andere zur Identifikation der Hilfsmittel/Ressourcen von denen die Funktion jeder Aktivität abhängt.

Die Beraterin veranstaltet einen BIA-Workshop und die Teamleiter werden gebeten, zu überlegen, wann – innerhalb von drei Zeitrahmen – die Auswirkung einer Unterbrechung von Aktivitäten in ihrer Zuständigkeit so schwerwiegend wäre, dass das Unternehmen zusammenbräche. Sie verstehen nunmehr, warum dies die maximal tolerierbare Periode einer Störung ist (und die Beraterin hält dies als MTPD – »maximum tolerable period of disruption« – fest).

Dann bittet die Beraterin die Teamleiter zu erläutern, wann jede Aktivität wiederaufgenommen werden muss, um das Geschäft am Laufen zu halten und einen Zusammenbruch zu vermeiden. Die Bestimmung dieses Zeitrahmens machte die Diskussion darüber erforderlich, wer von einer Störung betroffen ist und wann die Aktivität wieder in Gang sein müsse. Das sichert ab, dass die Wiederherstellungszeit deutlich innerhalb der Toleranz derer liege, die den Erfolg des Unternehmens beeinflussen können. Nunmehr verstehen alle, warum dies das Ziel für die Wiederherstellungszeit (RTO – »recovery time objective«) genannt wird.

Die Beraterin sortiert alle untersuchten Aktivitäten in der Reihenfolge ihrer RTOs (d.h. gibt den Aktivitäten Prioritäten). Das bedeutet naturgemäß, dass die kritischsten (d.h. dringendsten) Aktivitäten am Anfang der Liste stehen. John ist begeistert, dass seine Führung gerade die Reihenfolge ihrer Prioritäten, wenn etwas schiefläuft, beschrieben hat. Nachfolgend findet sich ein kurzer Auszug der BIA-Ergebnisse:

Aktivität	**MTPD**	**RTO**
Gehaltsabrechnung und -zahlung	4 Wochen	3 Tage
Kundendienst	> 2 Wochen	4 Tage
Produktion gewerblicher Produkte	4 Wochen	1 Woche
Rechnungen und Mahnwesen	4 Wochen	2 Wochen
Werbung	> 5 Wochen	2 Wochen
Einkauf – Material	> 5 Wochen	3 Wochen
Zahlungen	> 5 Wochen	4 Wochen

John reviews the results of the BIA with the consultant. He feels that the RTO for Customer Support has been underestimated. The consultant challenges John by asking him to describe what his manager had not considered. John explains that a significant number of sales are from existing customers, who value the level of support they receive and from new customers who know that JWC provides outstanding after sales service. They agree to reset the RTO for Customer Support to 2 days.

Some weeks later, the consultant returns to facilitate the Resource Dependency workshop. Each department manager is asked to list the resources their team members use to perform each activity listed in the BIA. The consultant advises them to list only those resources that would cause significant impact if they were not available.

The consultant analyses the dependencies information. She identifies two key resource groups:

- internal (e.g., staff, equipment, ICT systems) and
- external (e.g., suppliers)

which will help later when it is time to think about strategies. He also sets an RTO against each resource by finding the RTO of the activity that needs that resource first!

For example, the consultant shows that the Finance system is used by Payroll, Accounts Receivable and Accounts Payable which resulted in setting the RTO for the Finance system at 3 days – because Payroll required the Finance system first – at 3 days.

The consultant sorts all the resources in RTO order. John and his leadership team now know which resources have the greatest urgency to fix, restore, repair or replace, so the business can get back up and running.

John designs and documents the BIA process and the consultant approves the result.

John überprüft die Ergebnisse der BIA zusammen mit der Beraterin. Er glaubt, dass das RTO für den Kundendienst unterschätzt wurde. Die Beraterin fordert ihn heraus, indem sie ihn bittet, zu beschreiben, was seine Teamleiter aus seiner Sicht nicht berücksichtigt haben. Er erklärt, dass ein erheblicher Anteil der Käufe von Bestandskunden getätigt wird, die das Niveau des Kundendienstes schätzen und von Neukunden, die wissen, dass JWC einen hervorragenden Kundendienst zur Verfügung stellt. Sie sind sich einig, das RTO für den Kundendienst auf 2 Tage zu verkürzen.

Einige Wochen darauf kommt die Beraterin zurück, um einen Workshop zu den Abhängigkeiten von den Ressourcen zu veranstalten. Jeder Teamleiter wird gebeten, die Hilfsmittel/Ressourcen aufzulisten, die ihre Teammitglieder für die Durchführung der in der BIA aufgeführten Aktivitäten benötigen.

Die Beraterin empfiehlt, nur die Hilfsmittel aufzuführen, deren Fehlen eine maßgebliche Auswirkung hätte.

Die Beraterin analysiert die Informationen zu den Abhängigkeiten. Sie identifiziert Kerngruppen von Ressourcen:

- interne (z. B. Belegschaft, Ausrüstung und ITK-Systeme) und
- externe (z. B. Lieferanten),

was später helfen wird, wenn Strategien bedacht werden. Sie legt ein RTO für jedes Hilfsmittel fest, indem sie die Aktivität auswählt, die die jeweilige Ressource als Erstes benötigt.

Zum Beispiel zeigt sie, dass das Rechnungswesen für die Gehaltsbuchhaltung und zahlung, die Rechnungslegung mit dem Forderungsmanagement und die Buchung und Begleichung von Verbindlichkeiten benötigt wird. Daher wird das RTO für das Rechnungswesen auf 3 Tage festgelegt – weil Gehaltsbuchhaltung und -zahlung das Rechnungswesen zuerst benötigt – innerhalb von drei Tagen.

Die Beraterin sortiert alle Ressourcen in der Reihenfolge ihrer RTOs. John und sein Führungsteam wissen jetzt, welche Hilfsmittel die größte Dringlichkeit für Ausbesserung, Wiederherstellung, Reparatur oder Ersatz haben, damit das Geschäft wieder in Gang kommt.

John entwirft und dokumentiert den BIA-Prozess und die Beraterin stimmt dem Ergebnis zu.

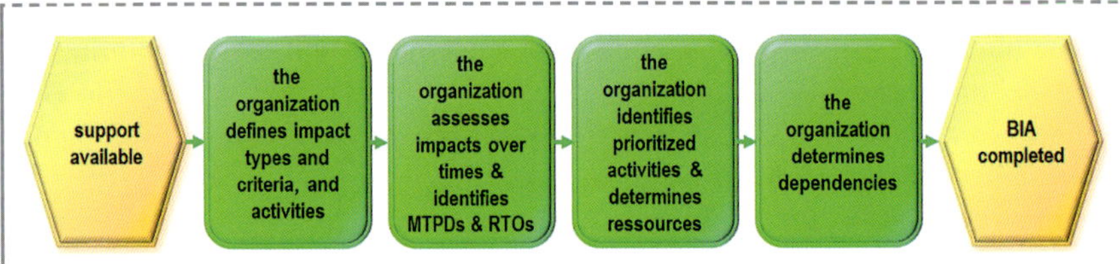

Figure CS.09: BIA process

The consultant reminds John that this information represents the business requirements of only those parts of the business that are within the scope of the BCMS. John now has clarity on his most critical activities and resources.

8.2.3 Risk Assessment

Section 8.2.3 seeks to advise the reader that:

- The focus of the section is on risks related to prioritized activities and resources
- The risks to be considered only relate to disruption of business activities
- Risk Assessment is a process governed by ISO 31000 which sets out the method for identifying, analysing and evaluating risks

The objective of the Risk Assessment is to take appropriate action to address the identified risks. It is advisable for the BC Manager to collaborate with the concerned risk owners in the lead up to undertaking a Business Continuity related Risk Assessment. This will ensure that the appropriate metrics from the risk assessment process can be appropriately applied for evaluating the risk of disruption to prioritized activities and resources. It may well be agreed that the risk owner will undertake the Risk Assessment and present the outcomes to the BC Manager for actioning.

Abbildung FS.09: BIA-Prozess

Die Beraterin erinnert John, dass diese Information nur die betrieblichen Anforderungen an die Teile des Unternehmens innerhalb des Anwendungsbereiches des BCMS betrifft. John hat nunmehr Klarheit über seine kritischsten Aktivitäten und Ressourcen.

8.2.3 Risikobeurteilung (Risk Assessment)

Im Abschnitt 8.2.3 wird dem Leser empfohlen, dass

- der Schwerpunkt des Abschnittes auf dem Risiko in Bezug auf die Aktivitäten und Hilfsmitteln mit Priorität liegt;
- nur das Risiko mit Bezug auf Störungen der Geschäftsaktivitäten berücksichtigt werden muss;
- die Risikobeurteilung ein Prozess ist, der von der DIN ISO 31000 geregelt wird, der die Methoden für die Identifikation, Analyse und Bewertung des Risikos darlegt.

Das Ziel der Risikobeurteilung (RA) besteht darin, angemessene Maßnahmen zum Umgang mit den identifizierten Risiken zu ergreifen. Dem Leiter für die Aufrechterhaltung der Betriebsfähigkeit wird die Zusammenarbeit mit den betroffenen Risikoeignern im Vorfeld der Risikobeurteilung in Bezug auf die Aufrechterhaltung der Betriebsfähigkeit empfohlen. So wird sichergestellt, dass geeignete Kennzahlen aus dem Prozess zur Risikobeurteilung in angemessener Weise für die Bewertung des Risikos einer Störung von Aktivitäten und Hilfsmitteln mit Priorität angewendet werden können. Dabei kann auch vereinbart werden, dass der Risikoeigner die Risikobeurteilung vornimmt und das Ergebnis dem Leiter für die Aufrechterhaltung der Betriebsfähigkeit zum Ergreifen von Maßnahmen vorlegt.

Case Study JWC Part 8

Identifying risks to critical activities

John calls his consultant to discuss the risk assessment and that they have done one already. The consultant asks whether the risk assessment identified exposures specific to critical activities and resources. While exposures were identified, John said that they were about internal processes such as purchase approvals, financial control and job scheduling.

John asks the consultant to facilitate a workshop.

The consultant leads the conversation by asking each member of the leadership team to focus on their critical activities and resources and what might lead to a disruption to the business.

The results shed light on new exposures, including:

- Customer Support – during peak periods of calls the telephone system often dropped out, due to insufficient capacity in the PABX
- Commercial product manufacturing – there are specialized tools, equipment and skilled staff that cannot be quickly replaced
- Procurement – there is a single point dependency on the supplier, that provides a large percentage of their cabinet hardware
- Finance – recent growth of the business means that they may be underinsured.

The consultant advised that only John can decide whether or not to accept each risk. John's view was that he needed to balance the cost of implementing mitigation strategies against his personal beliefs and experience and how much risk he is prepared to accept. The consultant suggested that John hold off making these decisions, until he has the results of the next step of the project which includes risk treatment strategies.

John was glad that he did a risk assessment. It has provided an important view of what previously has been hidden. He designs and documents the process for risk assessment.

Fallstudie JWC Teil 8

Risiken für maßgebliche Aktivitäten identifizieren

John ruft seine Beraterin an, um die Risikobeurteilung zu besprechen und ihr zu sagen, dass JWC bereits eine solche durchgeführt habe. Die Beraterin fragt, ob die durchgeführte Risikobeurteilung spezifische Gefahren für Aktivitäten und Hilfsmittel identifiziert habe. John gibt zu, dass die identifizierten Gefahren interne Prozesse wie Beschaffungsgenehmigungen, Überwachung der Finanzen und Arbeitszeitplanung betrafen.

John bittet die Beraterin, ein Seminar zu veranstalten.

Die Beraterin führt die Diskussion, indem sie jeden Teamleiter bittet, sich auf seine kritischen Aktivitäten und Hilfsmittel zu konzentrieren und darauf, was zu einer Störung des Geschäfts führen kann.

Das Ergebnis brachte neue Gefahren ans Licht, einschließlich:

- Kundendienst – In Spitzenzeiten ist das Telefonsystem häufiger aufgrund von unzulänglicher Kapazität der Vermittlungseinheit ausgefallen.
- Die Produktion der kommerziellen Artikel – Es gibt nicht ohne Weiteres schnell ersetzbares Spezialwerkzeug, Ausrüstungsgegenstände und ausgebildetes Personal.
- Beschaffung – Es gibt mit dem Lieferanten eines großen Anteils der Schrankbeschläge eine monopolähnliche Beziehung.
- Finanzen – Das Wachstum des Geschäfts in der letzten Zeit könnte zu einer Unterversicherung geführt haben.

Die Beraterin empfiehlt, dass bei jedem Risiko nur John entscheiden kann, ob es akzeptiert wird oder nicht. Seiner Meinung nach musste er die Kosten der Schadensminderungsstrategien mit seinen persönlichen Erwartungshaltungen und Erfahrungen sowie dem Umfang des von ihm akzeptierten Risikos ausbalancieren. Die Beraterin empfiehlt, diese Entscheidungen zurückzustellen, bis er die Ergebnisse des nächsten Projektschrittes kennt, der Risikobehandlungsstrategien einschließt.

John war froh, eine Risikobeurteilung durchgeführt zu haben. Diese hat einen wichtigen Blick auf zuvor Verborgenes erlaubt. Er entwirft und dokumentiert den Prozess für die Risikobeurteilung.

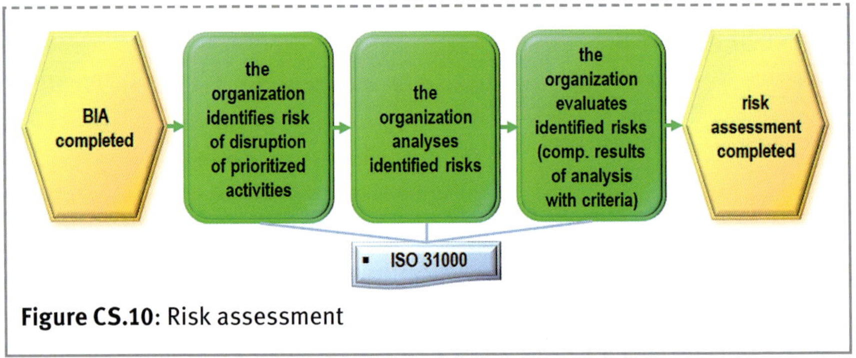

Figure CS.10: Risk assessment

8.2.4 The relationship between BIA and RA

Over time, experts have argued that BIA should be undertaken prior to RA. While other experts have argued the opposite. Section 8.2.1 presents a Note that states, the order shall be determined by the organization. However, for organizations that have not completed a BIA (or feel their BIA process lacks objective metrics described earlier (ref section 8.2.1)), it would be prudent to undertake the BIA before the RA so that the list of approved prioritized activities will be known.

8.3 Business Continuity Strategy and Solutions

Based on the results of the BIA and the RA, the organization shall identify and select strategies and solutions for before, during and after disruption.

For example, consider the Head Office building which supports activities with the RTO range 4 hours to 4 months.

Since the building is a resource, a strategy for loss of building could be 'Site Relocation", which might consist of a variety of solutions including, for the affected activities, "work from home", "move to our office in another city", "outsource the activity to a service provider" etc.

Strategies are usually defined by several solutions and various solutions may be used for one or more strategy. For example, the strategy "move to our office in another city" could be achieved via several solutions such as:

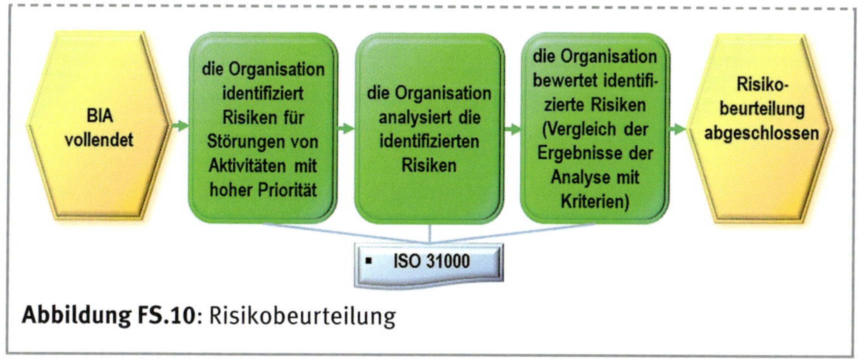

Abbildung FS.10: Risikobeurteilung

8.2.4 Die Beziehung zwischen BIA und Risikobeurteilung

Experten haben sich lange dafür ausgesprochen, die BIA vor der Risikobeurteilung durchzuführen, während andere Experten genau andersherum argumentiert haben. Abschnitt 8.2.1 enthält eine Anmerkung, wonach die Reihenfolge von der Organisation bestimmt werden soll. Allerdings wäre es für Organisationen umsichtig, die BIA vor der Risikobeurteilung durchzuführen, damit die Liste der bestätigten Aktivitäten mit Priorität bekannt ist, sofern die BIA noch nicht abgeschlossen ist (oder das Gefühl besteht, dass der BIA-Prozess keine objektiven Kennzahlen wie zuvor beschrieben (siehe Abschnitt 8.2.1) enthält).

8.3 Strategien und Lösungen zur Aufrechterhaltung der Betriebsfähigkeit

Auf der Grundlage der Ergebnisse von BIA und RA muss die Organisation Strategien und Lösungen vor, während und nach einer Störung ermitteln und auswählen.

Zum Beispiel kann das Gebäude der Unternehmenszentrale betrachtet werden, das Aktivitäten innerhalb einer RTO Variationsbreite von vier Stunden bis zu vier Monaten unterstützt.

Da das Gebäude ein Hilfsmittel/eine Ressource ist, könnte eine Strategie für den Verlust des Gebäudes eine Verlagerungsstrategie zum Inhalt haben, die in einer Reihe von Lösungen einschließlich »Heimarbeit«, »Umzug in eine andere Stadt«, »die Aktivität an einen Dienstleister auslagern« etc. besteht.

Strategien werden üblicherweise durch mehrere Lösungen definiert und verschiedene Lösungen können für eine oder mehrere Strategien verwendet werden. Zum Beispiel kann die Strategie »Umzug in eine andere Stadt« durch unterschiedliche Lösungen erreicht werden, wie zum Beispiel:

- Staff to fly to the other city
- Staff to travel by train to the other city
- The disrupted business activities are transferred to staff already working at the other city

The selection of solutions for implementation may be influenced by a variety of factors, including activity RTO and identified risks. For example, if the time taken to fly to the alternate city is longer than the activity's RTO, then the selected solution is likely to be to transfer the activity to staff already working at the alternate city.

Clause 8.3 of ISO 22301 can be summarized as:

- 8.3.2: Identifying strategies and solutions
- 8.3.3: Selecting strategies and solutions
- 8.3.4: Determining resource requirements
- 8.3.5: Implementing the solutions

8.3.1 Gap Analysis

While not described in ISO 22301, the need to undertake holistic strategies and solutions identification and selection may not be required, if the organization already has capabilities and arrangements to restore activities and resources within their respective RTOs.

In this case, a Gap Analysis would be a more effective way to progress. The analysis would seek to confirm the organization's ability to meet (or better) the RTO for each activity and resource. Confirmation may be sought through a variety of measures including Exercise and Test results. For those activities and resources that have inadequate or no ability to achieve the RTO, then they would progress through the Strategy and Solutions stage of the business continuity life cycle.

Note: for those activities and resources where recovery within the RTO is believed to be supported by adequate capability and arrangements, it may be prudent to reassess those capability and arrangements to validate that the RTO can be achieved and to identify opportunities to improve the efficiency, reduce the cost or reduce the risk.

- die Belegschaft fliegt zu der anderen Stadt,
- die Belegschaft reist mit dem Zug zu der anderen Stadt,
- die gestörten Geschäftsaktivitäten werden auf Personal übertragen, das bereits in der anderen Stadt arbeitet.

Die Auswahl der Lösungen zur Realisierung kann durch unterschiedliche Umstände beeinflusst werden, einschließlich der Aktivitäts-RTO und der identifizierten Risiken. Wenn zum Beispiel der Flug in die andere Stadt länger dauert als das Aktivitäts-RTO der Aktivität, dann sollte die ausgewählte Lösung darin bestehen, die Aktivität auf Personal zu übertragen, das bereits in der anderen Stadt arbeitet.

Abschnitt 8.3 der DIN EN ISO 22301 verlangt in:

- 8.3.2: Strategien und Lösungen zu identifizieren,
- 8.3.3: Strategien und Lösungen auszuwählen,
- 8.3.4: Anforderungen an Ressourcen zu ermitteln,
- 8.3.5: Lösungen umzusetzen.

8.3.1 Analyse von Lücken

Zwar nicht in der DIN EN ISO 22301 beschrieben, aber eine holistische Strategie- und Lösungsidentifikation ist unter Umständen nicht erforderlich, wenn die Organisation schon Fähigkeiten und Vorkehrungen zur Wiederherstellung von Aktivitäten und Ressourcen innerhalb der entsprechenden RTOs besitzt.

In diesem Fall wäre eine Analyse der Lücken ein effektiverer Weg, um voranzukommen. Mit der Analyse würde versucht werden, die Fähigkeit der Organisation zu bestätigen, dass das RTO für alle Aktivitäten und Ressourcen eingehalten (oder unterboten) werden kann. Diese Bestätigung kann durch verschiedene Maßnahmen einschließlich Übungen und Testergebnisse angestrebt werden. Bei Aktivitäten und Ressourcen, die unzureichende oder keine Möglichkeit haben, das RTO zu erreichen, würde man mit der Strategie- und Lösungsphase des Lebenszyklus der Aufrechterhaltung der Betriebsfähigkeit fortfahren.

Anmerkung: Für die Aktivitäten und Ressourcen, die durch angemessene Fähigkeiten und Vorkehrungen unterstützt werden, kann es klug sein, diese Fähigkeiten und Vorkehrungen erneut zu bewerten, um Möglichkeiten zur Verbesserung der Effizienz, Kostenreduzierung oder Risikoreduzierung zu ermitteln.

8.3.2 Identifying Strategies and Solutions

For each prioritized activity and resource, skilled and experienced personnel should collaborate to define suitable strategies. Sometimes referred to as activity owners and resource owners, these people should be very well acquainted with the activity and resource, respectively. The BC manager should facilitate the discussion, so that the owners can define the strategies.

More than one option for a strategy should be considered. Top management will need to understand that a balance of ideas was considered, since different options have different associated advantages (i.e.. benefits), disadvantages (i.e.. risks) and costs.

Similarly, solutions may require options. For example, a solution may be influenced by the location where it might be implemented. The strategy to outsource an activity to a third-party may result in the selection of different companies depending on which country the activity operates.

The activity and resource owners should consider the following key attributes for a strategy and its various solutions:[26]

- Must be achievable within the RTO with due consideration to the solution's execution duration and agreed capacity
- The availability of adequate resources
- Must deliver the acceptable starting capacity
- Should protect the organization's prioritized activities
- Should reduce the likelihood of a disruption
- Should shorten the duration of a disruption
- Should limit the impact of the disruption on products and services
- Should be practical, feasible and sustainable

The criteria for identifying and selecting strategies and solutions should also go beyond activities and resources and include how the organization will respond to and manage incidents.

26 ISO 22301, clause 8.3.2

8.3.2 Ermittlung von Strategien und Lösungen

Für jede Aktivität und Ressource mit Priorität sollte geschultes und erfahrenes Personal bei der Bestimmung von geeigneten Strategien zusammenarbeiten. Manchmal Aktivitätseigner und Ressourceneigner genannt, sollten diese die Aktivität beziehungsweise Ressource jeweils gut kennen. Der Leiter für die Aufrechterhaltung der Betriebsfähigkeit sollte die Diskussion unterstützen, damit die Eigner die Strategien festlegen können.

Mehr als eine Möglichkeit für eine Strategie sollte bedacht werden. Die oberste Leitungsebene muss verstehen, dass ein Ausgleich an Ideen betrachtet wurde, denn unterschiedliche Optionen sind mit unterschiedlichen Vorteilen (Nutzen), Nachteilen (Risiken) und Kosten verbunden.

Ähnlich können Lösungen Optionen erfordern. Zum Beispiel kann eine Lösung durch die Örtlichkeit, wo sie umgesetzt werden soll, beeinflusst werden. Die Strategie, eine Aktivität an eine Drittpartei auszulagern, kann dazu führen, in Abhängigkeit zu dem Land, in dem die Aktivität stattfindet, unterschiedliche Partner auszuwählen.

Die Prozess-, Aktivitäts- und Ressourceneigner sollten die folgenden Kernattribute für eine Strategie und ihre verschiedenen Lösungen bedenken:[26]

- sie müssen bei angemessener Berücksichtigung der Dauer der Ausführung der Lösung und der vereinbarten Kapazität innerhalb des RTO umsetzbar sein;
- die Verfügbarkeit angemessener Hilfsmittel (Ressourcen);
- sie müssen die akzeptable Startkapazität ermöglichen;
- sie sollten die mit Priorität versehenen Aktivitäten schützen;
- sie sollten die Wahrscheinlichkeit einer Störung reduzieren;
- sie sollten die Dauer einer Störung verkürzen;
- sie sollten die Auswirkung der Störung auf Produkte und Dienstleistungen begrenzen;
- sie sollten praktikabel, realisierbar und nachhaltig sein.

Die Kriterien zur Ermittlung und Auswahl von Strategien und Lösungen sollten auch über die Aktivitäten und Hilfsmittel hinausgehen und berücksichtigen, wie die Organisation auf Zwischenfälle reagiert und diese steuert.

26 DIN EN ISO 22301, Abschnitt 8.3.2

8.3.3 Selecting strategies and solutions

The selection of strategies and solutions is based on the extent to which:[27]

a) They meet the requirements listed in section 8.3.2

b) They consider the amount and type of risk the organization may or may not take. For example, in case of a disruption due to natural disaster, outsourcing to a supplier that operates within the same city may be an unacceptable risk, if they are less than 20 km away.

c) The cost of implementation and maintenance in relation to the benefits incurred. For example, the cost of the solution should be less than the cost of the disruption.

In situations where strategies and solution do not meet these criteria, they should be redesigned to counter the deficiency.

8.3.4 Determining Resource Requirements

For each solution selected, the resources required to implement the solution must be determined. It may be more efficient to define required resources in groups such as:[28]

- **People;**

  Personnel with the competency to respond to and manage incidents (e.g. Crisis Management Team, Incident Response Team, Communications Team, Safety and Welfare Team, Salvage and Security Team etc. – as suggested in ISO 22313 Table 5) and participate in the resumption of prioritized activities (e.g., Business Unit Recovery Team, ICT Recovery Team, Site Relocation Teams, Transport Teams etc.).

- **Information and data;**

  The recovery considerations of information and data include the attributes of:

  - confidentiality and integrity (both may require the expertise of an information security team),
  - availability (i.e., based on the RTO as described in section 2.2.2) and

27 ISO 22301, clause 8.3.3

28 ISO 22301, clause 8.3.4

8.3.3 Strategien und Lösungen auswählen

Die Auswahl von Strategien und Lösungen beruht auf dem Ausmaß in dem:[27]

a) sie die Anforderungen, die in Abschnitt 8.3.2 aufgeführt sind, erfüllen.

b) sie Umfang und Art des Risikos berücksichtigen, das die Organisation eingehen darf oder nicht. Zum Beispiel kann im Fall einer Störung aufgrund einer Naturkatastrophe die Auslagerung auf einen Lieferanten, der in der gleichen Stadt tätig ist, ein unakzeptables Risiko bedeuten, sofern er seinen Standort im Umkreis von 20 Kilometern hat.

c) sie die Kosten der Einführung und Aufrechterhaltung im Vergleich mit den erreichten Vorteilen berücksichtigen. Zum Beispiel sollten die Kosten der Lösung niedriger sein als die Kosten der Störung.

In Fällen, in denen die Strategien und Lösungen diese Kriterien nicht erfüllen, sollten sie umgeplant werden, um diesem Mangel zu begegnen.

8.3.4 Ermittlung der Anforderungen an die Hilfsmittel

Für jede ausgewählte Lösung müssen die für die Umsetzung der Lösung erforderlichen Hilfsmittel ermittelt werden. Es kann effizienter sein, die erforderlichen Hilfsmittel in Gruppen wie folgt zu ermitteln:[28]

- **Menschen:**

  Personal mit der Befugnis auf Zwischenfälle zu reagieren und diese zu steuern (z. B. Krisenbewältigungsteam, Zwischenfallreaktionsteam, Kommunikationsteam, Betriebssicherheits- und Wohlfahrtsteam, Bergungs- und Betriebsschutzteam etc. – wie in Tabelle 5 der DIN EN ISO 22313 empfohlen) sowie an der Arbeitswiederaufnahme der mit Priorität versehenen Aktivitäten mitzuwirken (z. B. Geschäftsfeld-Wiederherstellungsteam, ITK-Wiederherstellungsteam, Standortverlagerungsteam, Transportteams etc.).

- **Information und Daten:**

  Die Wiederherstellungsüberlegungen für Informationen und Daten schließen die folgenden Attribute ein:

  - Vertraulichkeit und Vollständigkeit (beides kann das Fachwissen des Informationssicherheitsteams erforderlich machen),

27 DIN EN ISO 22301, Abschnitt 8.3.3

28 DIN EN ISO 22301, Abschnitt 8.3.4

  - data currency, i.e., how uptodate recovered data must be (i.e., based on the RPO as described in section 2.2.2)

- **Physical infrastructure, such as buildings, workplaces or other facilities and associated utilities;**

  For incident response, this may include a command centre. For an office environment, it may include working from home, space in another building belonging to the organization, space within a third-party serviced office etc.

- **Equipment and consumables;**

  This may include storing extra supplies at another location, engaging with more than one supplier or manufacturer or arranging for increased stock levels to be held by the supplier

- **Information and communication technology (ICT) systems;**

  This may include an alternate data center, diverse networking or third-party cloud service provider etc.

- **Transportation and logistics;**

  This may include relocating staff to alternate work locations, establishing special travel arrangements, e.g., flights and accommodation, alternate means of transportation etc.

- **Finance;**

  This may include ensuring that funds are available for immediate or emergency purchasing, reimbursing staff for business related expenses as they incur etc., approval process for special delegation levels beyond normal limits

- **Partners and suppliers;**

  This may include modifying service agreements to include business continuity requirements, identifying alternate partners and suppliers, identifying supply chain dependencies and concentration etc.

Determining resource requirements may be an iterative process. It is usual to find, that during the creation/maintenance of Business Continuity Plans and Procedures, resources not identified during the phase: “Determining Resource Requirements” come to light.

  - Verfügbarkeit (d.h. auf dem RTO, wie in Abschnitt 8.2.2 beschrieben beruhend) und
  - Aktualität (d.h. auf dem RPO, wie in Abschnitt 8.2.2 beschrieben, beruhend),
- **körperliche Infrastruktur wie Gebäude, Arbeitsplätze oder andere Einrichtungen und zugehörige Betriebsmittel:**

  Für die Reaktion auf Zwischenfälle kann dies eine Kommandozentrale einschließen. Für Büroumgebungen kann dies Heimarbeit oder Flächen in einem anderen Gebäude der Organisation oder Flächen in einem von einer Drittpartei unterhaltenen einschließen.
- **Ausrüstungen und Verbrauchsmaterialien:**

  Das kann die Lagerung von zusätzlichen Vorräten an einem anderen Standort einschließen, sowie Verträge mit mehr als einem Lieferanten oder Hersteller oder die Vereinbarung, dass der Lieferant einen größeren Lagerbestand hält.
- **Informations- und Kommunikationstechnologie (ITK):**

  Das kann ein Ersatzdatenzentrum, mehrere Datenverbindungen oder einen unabhängigen Anbieter von Clouddiensten etc. einschließen.
- **Transport und Logistik:**

  Das kann die Verlagerung von Personal an Ersatzstandorte, die Vereinbarung von besonderen Reisebedingungen z.B. für Flüge und Unterbringung, Ersatztransportmöglichkeiten etc. einschließen.
- **Liquide Mittel:**

  Das kann die Absicherung sein, dass Mittel für sofortige Beschaffungen oder Notfallbeschaffungen, sowie die Erstattung von betrieblichen Auslagen des Personals etc. bereitstehen und die Einrichtung besonderer Zustimmungsprozesse für spezielle Ebenen über die normalen Grenzen hinaus.
- **Partner und Lieferanten:**

  Das kann die Anpassung von Dienstleistungsverträgen einschließen, um die Anforderungen an die Aufrechterhaltung der Betriebsfähigkeit einzubeziehen, oder die Identifikation von Ersatzpartnern und -lieferanten, die Ermittlung von Lieferkettenabhängigkeiten und Konzentrationen etc.

Hilfsmittelanforderungen zu bestimmen, kann ein iterativer Prozess sein. Üblicherweise werden während der Schaffung/Aktualisierung der Pläne und Verfahren zur Aufrechterhaltung der Betriebsfähigkeit Hilfsmittel erkannt, die während der Ermittlung der Hilfsmittelanforderungen nicht erkannt wurden.

Case Study JWC Part

Delivering the requirements

John knows that the next 6 weeks is a busy period for the business. The consultant explains, that if there are recovery capabilities and arrangements already in place, then the strategies and solutions work should be dealt with quickly. To leverage this, the consultant recommends a gap analysis, that will only take two days.

The consultant interviews each member in the leadership team. During the 30-minute sessions they discuss existing capabilities and arrangements. The objective is to document how they can restart activities and replace resources by their RTOs. In most cases, each manager was able to use their experience to describe what they would do. However, they acknowledged that their ideas were not documented and arrangement with suppliers and other businesses were not in place.

The consultant concluded that the only area with substantiated recovery capability was the Finance System. This is a cloud-based service, which includes a failover capability to restore the system and its data within 4 hours.

The consultant recommended two types of strategy workshops:

- Activities with Resources (except for Finance System) and
- Unacceptable Risks.

Each workshop is to identify cost effective, low risk, simple ideas.

John questioned the need to run the workshops, if his leadership team already knows what to do when disaster strikes. The consultant explains that disasters are unpredictable. The loss of key personnel through injury or stress would jeopardize the response and recovery process, so it is important that the capabilities are documented and agreed.

The consultant meets with each member of the Leadership Team. They further develop the ideas from the previous meeting, ensuring that activities can restart by their RTO and resources can be replaced within their RTO. For each idea, the consultant documents:

Fallstudie JWC Teil 9

Erfüllen der Anforderungen

John weiß, dass 6 arbeitsreiche Woche für das Unternehmen bevorstehen. Die Beraterin erläutert, dass Strategien und Lösungen schnell ausgewählt und umgesetzt werden könnten, wenn bereits Wiederherstellungsfähigkeiten und Regelungen etabliert sind. Um dies wirksam einzusetzen, empfiehlt sie eine Analyse von Lücken, die nur zwei Tage benötigt.

Die Beraterin interviewt jedes Mitglied des Führungsteams. In den 30-minütigen Sitzungen besprechen sie bestehende Fähigkeiten und Regelungen. Ziel ist es, zu dokumentieren, wie innerhalb ihrer RTOs Aktivitäten wiederaufgenommen und Ressourcen ersetzt werden können. In den meisten Fällen war jede Führungskraft anhand seiner Erfahrung in der Lage, zu beschreiben, was sie machen würde. Allerdings haben sie zugestanden, dass ihre Ideen nicht dokumentiert seien und es keine Regelungen mit Lieferanten und anderen Unternehmen gebe.

Die Beraterin kam zu dem Schluss, dass nur das Finanzsystem eine fundierte Wiederherstellungsfähigkeit hat. Das ist ein Cloud-basierter Service, der eine Ausfallsicherungskapazität zur Wiederherstellung des Systems innerhalb von 4 Stunden einschließt.

Die Beraterin empfiehlt zwei Arten von Strategieworkshops:

- »Aktivitäten mit Ressourcen« (außer dem Finanzsystem) und
- »Unakzeptable Risiken«.

Ein Workshop soll kostengünstige, einfache Ideen mit kleinem Risiko identifizieren. John stellt die Erforderlichkeit von Workshops infrage, wenn sein Führungsteam bereits weiß, was zu tun ist, wenn eine Störung eintritt. Die Beraterin erläutert, dass Katastrophen unvorhersehbar sind. Der Verlust von Schlüsselpersonal z.B. durch Verletzungen oder Stress könnte den Reaktions- und Wiederherstellungsprozess gefährden. Daher ist es wichtig, die Anforderungen zu dokumentieren und bestätigen.

Die Beraterin trifft sich mit jedem Mitglied des Führungsteams. Sie entwickeln die Ideen des letzten Termins weiter und stellen sicher, dass Aktivitäten innerhalb ihres RTO wiederaufgenommen werden können und Ressourcen innerhalb ihrer RTOs ersetzt werden können. Für jede Idee dokumentiert die Beraterin:

- where the activities could relocate to,
- how they would get there,
- what workarounds their team could undertake for each critical resource they use, if it becomes unavailable
- how they would replace, repair or find suitable alternatives for unavailable resources

The following are some of the strategies documented:

1) Facilities – loss of:
   - Workshop: relocate manufacturing to John's garage and shed at his home in the country
   - Office: relocate all activities to workfromhome
2) Resource workarounds – loss of:
   - manufacturing tools and equipment: retrieve equipment from John's garage and shed
   - skilled craftsman: John to participate in the manufacturing process
   - telephone system for Customer Service: redirect calls to staff mobile phones
   - delivery van: use courier company
3) Resource recovery – loss of:
   - data for sales orders: rebuild sales order information by investigating email correspondence
   - computers: replace with basic laptops from local retail supplier
   - administrative staff: identify temp agencies and engage staff on a short-term basis until employees can return to work
   - finance staff: engage the company accountant
   - delivery van – repair or replace depending on severity of the damage

- wohin die Aktivitäten verlagert werden könnten,
- wie man dorthin gelangen würde,
- welche Zwischenlösungen das Team für jede von ihm genutzte kritische Ressource, die nicht verfügbar ist, anwenden könnte,
- wie sie nicht verfügbare Ressourcen ersetzen oder wiederherstellen könnten oder angemessene Alternativen dazu finden könnten.

Nachfolgend ist ein Teil der Strategien dokumentiert:

1) Standorte – Verlust:
   - Werkstatt: die Produktion in Johns Garage und Schuppen auf dem Land verlagern,
   - Büro: Verlagerung aller Aktivitäten ins Homeoffice.
2) Ressourcenzwischenlösungen – Verlust:
   - Werkzeug und Ausrüstung für die Produktion: Geräte aus Garage und Schuppen zurückholen,
   - Ausgebildeter Handwerker: John wird am Produktionsprozess teilnehmen,
   - Telefonsystem für den Kundendienst: Rufumleitung auf die Mobiltelefone der Belegschaft,
   - Lieferfahrzeug: einen Kurierdienst beauftragen.
3) Wiedererlangung von Ressourcen – Verlust:
   - Daten für Kaufaufträge: Auftragsinformation mittels Suche in der EMailKorrespondenz wiederherstellen,
   - Computer: durch Basis-Laptops aus dem lokalen Einzelhandel ersetzen,
   - Belegschaft in der Verwaltung: Personalleasingagenturen identifizieren und Mitarbeiter auf Kurzzeitbasis anstellen, bis die eigenen Mitarbeiter zur Arbeit zurückkommen können,
   - Belegschaft im Rechnungswesen: den Buchhalter des Unternehmens einbeziehen,
   - Lieferwagen: Reparatur oder Ersatz je nach Schwere des Schadens.

The following are some of the risk treatment information documented:

- Customer Support: upgrade the call management system to VOIP in the cloud.
- Commercial product manufacturing:
  - Specialized Tools and Equipment:
    - document business that hire tools and equipment,
    - confirm lead time required to purchase replacement tools and equipment,
    - shorten the timeframe before tools and equipment need to be replaced and then store them off site (at John's home)
  - Skilled Craftsman:
    - John to retrain and refresh his woodwork skills
    - maintain a list of recently retired craftsman from the company and across the industry
    - establish an apprentice programme to up-skill young talent
- Procurement
  - require each supplier critical to JWC to implement a BC programme and to report the results of the exercises to John
  - confirm lead time required to purchase replacement cabinet hardware from international suppliers and identify what modifications would need to be undertaken to make the product functionally the same.
- Insurance
  - engage with an insurance broker to reassess insurance

Each manager is then asked to further explore their strategies and document them as costed solutions. John lets everyone know that the consultant would be available to assist and then review their costed solutions.

Nachfolgende Information zur Risikobehandlung wird dokumentiert:

- Kundendienst:
  - das Telefonsystem wird auf VOIP in der Cloud aufgerüstet
- Produktion für die gewerblichen Kunden:
  - Spezialwerkzeug und Ausrüstung:
    - Auflisten von Unternehmen, die Werkzeug und Ausrüstungen vermieten,
    - Bestätigen der Bearbeitungszeit, um Ersatzwerkzeug und Ausrüstung zu beschaffen,
    - den Zeitrahmen für den Austausch von Werkzeug und Ausrüstung verkürzen und Lagerung der alten Geräte außerhalb des Standortes (z. B. bei John zu Hause).
  - qualifizierte Handwerker:
    - John wird sein Können als Möbeltischler bewahren und auffrischen,
    - eine Liste kürzlich pensionierter Handwerker des Unternehmens und in der Branche führen,
    - ein Ausbildungsprogramm zur Weiterbildung junger Talente starten.
- Beschaffung:
  - die Umsetzung eines BC-Programms von allen Lieferanten, die für JWC entscheidend sind, und die Berichterstattung der Ergebnisse der Übungen an John verlangen,
  - Bestätigung der Beschaffungszeit, um Ersatzbeschläge für Schränke von internationalen Lieferanten zu kaufen und Identifikation, welche Änderungen erforderlich werden, um die Funktionalität der Produkte zu erhalten.
- Versicherung:
  - Einen Versicherungsmakler einschalten, um den Versicherungsschutz zu überprüfen.

Jede Führungskraft wird daraufhin gebeten, ihre Strategien weiter zu untersuchen und als Lösungen mit hinterlegten Kosten zu dokumentieren. John informiert alle, dass die Beraterin zur Unterstützung und späteren Überprüfung der mit Kosten hinterlegten Lösungen zur Verfügung stehe.

Three weeks later, the consultant presents all the costed solutions to John. One key observation is that the total cost to implement all solution far exceeds the financial capacity of the business.

So, with a focus on solutions that directly support critical activities and resources, he nominates the ones to be implemented this year. His selection criteria are a combination of the funds he is prepared to make available, and his feeling of which items give him the greatest concern.

For solutions not being implemented, John accepts the risk of disruption. Fortunately, he knows that his overall risk position is better. He also has some protection via various insurance policies. John is feeling very comfortable. He now knows how the business will respond to an operational disaster in ways that meet the continuity requirements from the BIA. He also takes comfort, knowing that many known and unknown risks from the Risk Assessment have been addressed. This will collectively reduce the magnitude, impact and duration of disruption.

8.3.5 Implementing the solutions

All new or modified solutions are to be presented to the appropriate level of management for consideration and approval. For a variety of reasons, certain solutions may be rejected. This may be due to cost or the amount and type of risk an individual manager might or might not be willing to take. Should this occur, then either new solutions need to be identified or management accepts the exposure of not being able to meet certain BIA and RA requirements. In this case, an entry should be made in the organization's risk register.

Once approved, solutions are to be implemented via a structured process through the availability of project management teams, expertise and funding.

If, through implementing a solution, it becomes apparent that the attributes listed in section 8.3.2 cannot be achieved (e.g., RTO), then this must be reported to top management and a revised solution has to be pursued.

Drei Wochen später präsentiert die Beraterin John die mit Kosten hinterlegten Lösungen. Eine Schlüsselbeobachtung ist, dass die Gesamtkosten zur Umsetzung aller Lösungen die finanziellen Möglichkeiten des Unternehmens bei Weitem sprengen würden.

Mit Schwerpunkt auf die Lösungen, die kritische Aktivitäten und Ressourcen direkt unterstützen, wählt John daher diejenigen aus, die noch im laufenden Jahr umgesetzt werden sollen. Seine Auswahlkriterien bestehen aus einer Kombination der Mittel, die er zur Verfügung stellen will und seinem Gefühl, welche Posten ihn am meisten beunruhigen.

Für die Lösungen, die nicht umgesetzt werden, akzeptiert John das Risiko der Störung. Zum Glück ist er sicher, dass seine Risikoposition insgesamt günstiger ist. Auch ist er über verschiedene Versicherungspolicen abgesichert. John fühlt sich sehr komfortabel. Er weiß nun, wie sein Betrieb auf ein betriebliches Desaster in einer Art und Weise reagiert, die die Anforderungen zur Aufrechterhaltung aus der BIA erfüllt. Auch ist er beruhigt zu wissen, dass viele bekannte und unbekannte Risiken aus der Risikobeurteilung adressiert wurden. Das zusammen wird Ausmaß, Auswirkung und Dauer einer Störung reduzieren.

8.3.5 Umsetzen der Lösungen

Alle neuen oder geänderten Lösungen müssen der zuständigen Führungsebene zur Abwägung und Genehmigung vorgelegt werden. Bestimmte Lösungen können aus einer Reihe von Gründen abgelehnt werden. Diese können in den Kosten oder der Risikoneigung einzelner Führungskräfte liegen. Wenn das eintritt, müssen neue Lösungen identifiziert werden oder die Führungsebene akzeptiert die Gefährdung, die dadurch entsteht, dass bestimmte Anforderungen der BIA und der Risikobewertung nicht erfüllt werden können. In diesem Fall sollte das im Risikoverzeichnis der Organisation festgehalten werden.

Genehmigte Lösungen müssen mittels eines strukturierten Prozesses bei Verfügbarkeit von Projektmanagement Teams, Sachkunde und Bereitstellung von Mitteln in Kraft gesetzt werden.

Wenn durch Umsetzung einer Lösung deutlich wird, dass die im Abschnitt 8.3.2 aufgeführten Merkmale nicht erreicht werden können (z.B. das RTO), dann muss das der obersten Leitung berichtet werden und eine überarbeitete Lösung verfolgt werden.

Case Study JWC Part 10

Implementing Solutions

John needs to plan the response and recovery. First, the consultant asks for an update on how strategy implementation went. The consultant explains, that plans need to be written to document current capabilities and arrangements. John provides the following update:

Strategy	Status	
Facilities	✓	John has cleared out his shed and made the area useable for work
	✓	Finance Manager has completed a home safety assessment, allowing all administrative staff to work from home
Manufacturing	✓	John's head craftsman has assessed and serviced all of Johns home equipment to be ready for use
	✓	John spends about 5 hours per week reskilling himself
	✓	Customer Service team now knows how to redirect calls to staff mobile phones
	✓	Service delivery manager has identified 2 courier companies that can quickly be hired to transport products
	✓	John's head craftsman has identified specialist equipment not at John's home. He has implemented a process for the early retirement of some equipment and relocated them to John's home. To cover the shortfall in specialized equipment, a list of suppliers has been documented. Delivery lead times are around a few days.
	?	International suppliers of cabinet hardware have been identified and the hardware specification differences have yet to be confirmed.

Fallstudie JWC Teil 10

Lösungen umsetzen

John will Reaktion und Wiederherstellung planen. Aber zunächst will die Beraterin wissen, wie die Umsetzung der Strategien gelaufen ist. Sie erklärt, dass Pläne geschrieben werden müssen, um vorhandene Fähigkeiten und Regelungen wirksam einzusetzen. John stellt folgende Aktualisierung zur Verfügung:

Strategie		Status
Standorte	✓	John hat seinen Schuppen leergeräumt und zum Arbeiten vorbereitet.
	✓	Der Leiter des Innendienstes hat eine Bewertung der Sicherheit der Heimarbeitsplätze abgeschlossen, sodass die Verwaltungsmitarbeiter alle von zu Hause aus arbeiten dürfen.
Produktion	✓	Johns Obermeister hat dessen gesamte Ausrüstung zu Hause bewertet und gewartet, sodass diese bereit zur Nutzung ist.
	✓	John verwendet etwa 5 Stunden pro Woche zur eigenen Fortbildung.
	✓	Das Kundendienstleistungsteam weiß jetzt, wie Anrufe auf die Mobiltelefone der Belegschaft umgeleitet werden.
	✓	Der Teamleiter für Auslieferungen hat zwei Kurierdienste identifiziert, die schnell mit der Auslieferung von Produkten beauftragt werden können.
	✓	Johns Obermeister hat Spezialausrüstungen identifiziert, die in Johns Haus fehlen. Er hat einen Prozess zur vorzeitigen Stilllegung einiger Geräte umgesetzt und verlagert diese in Johns Haus. Um das Defizit bei spezialisierter Ausrüstung zu reduzieren, wurde eine Liste von Lieferanten mit Lieferzeiten von wenigen Tagen erstellt.
	?	Internationale Lieferanten von Schrankbeschlägen wurden identifiziert, aber die Unterschiede in der Beschlagspezifikation muss noch bestätigt werden.

Strategy	Status	
Staff Resources	✓	Finance Manager has identified 3 tempagencies, that can provide suitably skilled admin staff
	✓	Finance Manager has sought agreement with the company accountant to provide accounting and administrative support, if required
	?	John was unable to identify recently retired craftsman from the company who could assist. He did identify craftsman from across the industry, however, he acknowledges that they are all competitors.
Resources – Computers	✓	IT Manager has identified, that their local IT support business can provide replacement laptops.
Telephone System	×	John has deferred the upgrade of the call management system to next year.
Supplier Assessment	×	The process to assess key suppliers for adequate BC capability has not been undertaken. John's Finance Manager has allocated time to do this next quarter.
Insurance	×	Finance Manager has three quotes for insurance. However, due to the required increase in premium, John has deferred this until next year.

John asks the consultant what the ramifications will be of solutions not implemented. The consultant explains, that for each of those items, the business's exposure remains the same. However, BC plans will now need to include additional instructions to cover each exposure, for example other workarounds.

John realizes that he would have felt safer if he implemented these solutions. He also acknowledges, that due to limited resources not everything can be done at once. He designs and documents the process of identifying and selecting strategies and solutions and to implement solutions.

Strategie		Status
Personelle Ressourcen	✓	Der Leiter des Innendienstes hat drei Zeitarbeitsagenturen identifiziert, die geeignete Mitarbeiter für den Innendienst zur Verfügung stellen können.
	✓	Der Leiter des Innendienstes hat mit dem Buchhalter eine Übereinkunft angestrebt, bei Bedarf Unterstützung im Rechnungswesen und der Verwaltung zu leisten.
	?	John konnte keine kürzlich in Unternehmen pensionierte Handwerker identifizieren, die für Unterstützung zur Verfügung stehen. Er hat in der Branche Handwerker identifiziert, aber er muss zugeben, dass sie alle von Wettbewerbern stammen.
Ressourcen – Computer	✓	Der ITK-Verantwortliche hat festgestellt, dass das lokale IT-Support-Unternehmen Ersatzlaptops zur Verfügung stellen kann.
Telefonsystem	×	John hat die Aufrüstung des Telefonsystems ins nächste Jahr vertagt.
Lieferantenbewertung	×	Der Prozess, um die angemessene BC-Fähigkeit der wichtigsten Lieferanten einzuschätzen, ist nicht aufgenommen worden. Johns Leiter des Innendienstes hat dafür Zeit im nächsten Quartal reserviert.
Versicherung	×	Der Leiter des Innendienstes hat drei Angebote für Versicherungsdeckungen. Allerdings hat John das Thema wegen der damit verbundenen Prämienerhöhungen ins nächste Jahr vertagt.

John fragt die Beraterin, was die Konsequenzen von nicht umgesetzten Lösungen sind. Die Beraterin erläutert, dass die Gefährdung des Unternehmens für alle diese Themen unverändert bestehe. Allerdings werden in die BC-Pläne nunmehr ergänzende Vorgaben für diese Gefahren aufgenommen werden müssen (zum Beispiel andere Provisorien).

John erkennt, dass er sich sicherer fühlen würde, wenn er die Lösungen umgesetzt hätte. Auch räumt er ein, dass wegen limitierter Ressourcen nicht alles auf einmal getan werden könne. Er entwirft und dokumentiert den Prozess zur Identifikation und Auswahl von Strategien und Lösungen und zur Umsetzung von Lösungen.

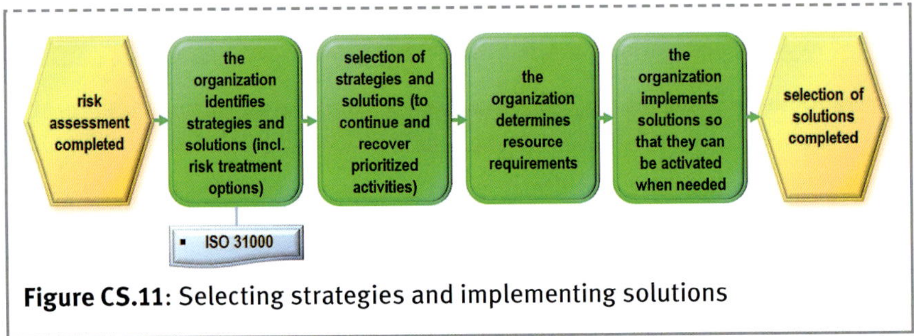

Figure CS.11: Selecting strategies and implementing solutions

8.4 Business Continuity Plans and Procedures

8.4.1 General

Clause 8.4 of ISO 22301 has the following sections describing the requirements for Business continuity plans and procedures:

- 8.4.2: A response structure, identifying one or more teams responsible for responding to a disruption and their roles and responsibilities
- 8.4.3: Timely warning and Communication to interested parties
- 8.4.4: Business Continuity Plans providing guidance and information to the teams
- 8.4.5: Recovery processes documenting how restoration and return to normal business will occur

The three key attributes of plans and procedures are:

- responding to the disruption
- communicating
- utilizing solutions to resume activities within their RTOs

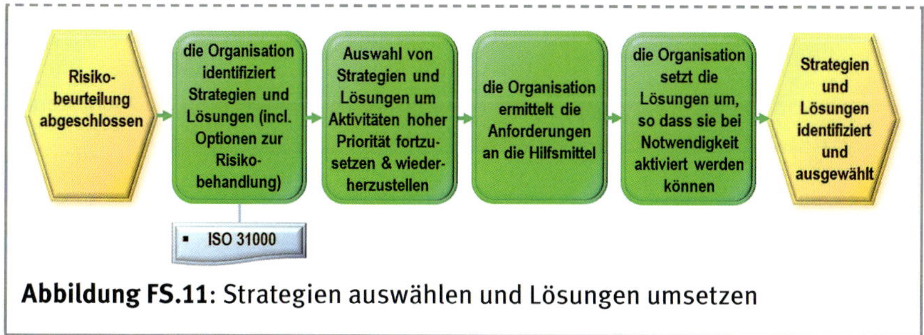

Abbildung FS.11: Strategien auswählen und Lösungen umsetzen

8.4 Pläne und Verfahren zur Aufrechterhaltung der Betriebsfähigkeit

8.4.1 Allgemeines

Abschnitt 8.4 der DIN ISO 22301 beschreibt die Anforderungen für die Pläne und Verfahren zur Aufrechterhaltung der Betriebsfähigkeit in den folgenden Abschnitten:

- 8.4.2: Reaktionsstruktur, mit der ein oder mehrere Teams für die Reaktion auf eine Störung und deren Rollen und Verantwortlichkeiten identifiziert werden
- 8.4.3: Zeitnahe Warnung und Kommunikation mit interessierten Parteien
- 8.4.4: Pläne zur Aufrechterhaltung der Betriebsfähigkeit, die Anleitung und Informationen für die Teams enthalten
- 8.4.5: Wiederherstellungsprozess, der dokumentiert, wie die Wiederherstellung und die Rückkehr zu normalem Betrieb erfolgt

Die zentralen Merkmale von Plänen und Verfahren sind:

- auf eine Störung zu reagieren,
- kommunizieren,
- Lösungen anzuwenden, um Aktivitäten innerhalb ihrer RTOs wiederaufzunehmen.

8.4.2 Response structure

Based on the results of the Strategies and Solutions, the organization should have a response structure supported by documentation describing how to manage the organization during a disruption.[29]

Plans and procedures by themselves are useless. They must be followed by teams of people structured to meet the overall needs of the organization during any disruption. The organizational structure shows the hierarchical relationship between different business areas. The business continuity response structure shows the hierarchical relationship between different response and recovery teams. The response to an incident should be overseen by top management and a hierarchical team structure created:[30]

- strategic team that will, if required, manage the strategic issues
- tactical team(s) managing internal responses and recovery activities, directing the operational teams
- operational teams within the operational departments responding to disruptions under the guidance of the tactical team and reporting to the tactical team leader.

Depending on the size of the organization, membership of the strategic team may be the same as the tactical team.

The key to a successful response structure is ensuring that the teams can be established quickly and each team is competent in fulfilling the objectives of the team. Collectively, teams should be competent and authorized to:[31]

- Objectively assess the nature and extent of the incident and the impacts of disruption
- Identify when pre-defined thresholds have been crossed that trigger the formal response
- Activate the appropriate response by establishing teams, activating plans and making required resources available
- Document the actions that need to be undertaken over time
- Establish priorities ensuring life safety as the first priority

29 ISO 22301, clause 8.4.1

30 ISO/DTS 22332 (under development, status 2020-08-31), clause 5.2

31 ISO 22301, clause 8.4.2.3

8.4.2 Reaktionsstruktur

Basierend auf den Ergebnissen von Strategien und Lösungen sollte die Organisation eine Reaktionsstruktur haben, die durch eine Dokumentation unterstützt wird, welche beschreibt, wie die Organisation während einer Störung gesteuert wird.[29]

Für sich alleinstehend sind Pläne und Methoden nutzlos. Sie müssen von Teams befolgt werden, die so aufgestellt sind, dass sie die allgemeinen Bedürfnisse der Organisation während einer Störung erfüllen können. Die Organisationsstruktur hat hierarchische Beziehungen zwischen den Geschäftsfeldern. Die Reaktionsstruktur weist eine hierarchische Struktur zwischen den verschiedenen Reaktions- und Wiederherstellungsteams auf. Die Reaktion auf einen Zwischenfall sollte von der obersten Leitung überwacht werden und eine hierarchische Teamstruktur ins Leben gerufen werden:[30]

- strategisches Team, das bei Bedarf strategische Probleme steuert,
- taktische(s) Team(s), das die internen Reaktionen und Wiederherstellungsaktivitäten steuert und die betrieblichen Teams leitet,
- betriebliche Teams innerhalb der Abteilungen, die auf Störungen unter Leitung des taktischen Teams reagiert und diesem berichtet.

Abhängig von der Größe der Organisation kann die Mitgliedschaft des strategischen Teams mit der für das taktische Team übereinstimmen.

Wesentlich für eine erfolgreiche Reaktionsstruktur ist es, sicherzustellen, dass die Teams schnell eingesetzt werden können und dass jedes Team in der Lage ist, seine Ziele zu erreichen. Zusammen sollten die Teams fähig und autorisiert sein:[31]

- Natur und Ausmaß des Zwischenfalls und die Auswirkung der Störung objektiv einzuschätzen,
- die Überschreitung von zuvor definierten Schwellenwerte, die eine formale Reaktion auslösen, zu erkennen,
- die angemessene Reaktion zu aktivieren, in dem die Teams eingesetzt, Pläne aktiviert und die erforderlichen Ressourcen zur Verfügung gestellt werden,
- die Maßnahmen, die im Laufe der Zeit erforderlich sind, zu dokumentieren,

29 DIN EN ISO 22301, Abschnitt 8.4.1

30 ISO/DTS 22332 (Entwurf, Status 2020-08-31), Abschnitt 5.2

31 DIN EN ISO 22301, Abschnitt 8.4.2.3

- Monitor the effects of disruption on the organization's response and modify the approach, if required
- Activate business continuity solutions by executing the corresponding plans and procedures
- Communicate with relevant interested parties including staff, visitors, affected family members, authorities and media.

Members of teams should be backed up by alternate personnel. All team members should have the necessary responsibility, authority and competence to carry out their role. Not specifically stated in ISO 22301, considerations for selecting team members should include key personality traits, such as:

- Task oriented
- Can work under pressure for extended periods of time
- Can make decisions with incomplete and potentially incorrect information

Case Study JWC Part 11

Response structure

The consultant explains that response and recovery are two overlapping phases that require teams and plans. John expresses his confidence in his leadership team. He believes that they will do what is needed to restart the business. The consultant challenges John to consider how smoothly response and recovery would be, if some managers were not available. John agrees that if his managers were away on vacation, injured or not able to cope with a very stressful crisis, the business would be at risk of failing.

- Prioritäten festzuschreiben und dabei die Sicherheit für Leib und Leben als oberste Priorität festzulegen,
- die Auswirkungen der Störung auf die Reaktion der Organisation zu überwachen und das Vorgehen bei Bedarf zu modifizieren,
- Lösungen zur Aufrechterhaltung der Betriebsfähigkeit zu aktivieren, indem die entsprechenden Pläne und Verfahren ausgeführt werden,
- mit den maßgeblichen interessierten Parteien, einschließlich Belegschaft, Besuchern, betroffenen Familienmitgliedern, Behörden und Medien zu kommunizieren.

Teammitglieder sollten von Ersatzmitgliedern abgesichert werden. Alle Teammitglieder sollten die notwendige Verantwortung, Befugnis und Kompetenz haben, um ihre Rolle auszuführen. Zwar nicht ausdrücklich in der DIN EN ISO 22301 ausgeführt, sollten die Überlegungen zur Auswahl von Teammitgliedern entscheidende Persönlichkeitsmerkmale einschließen wie z. B.:

- aufgabenorientiert,
- kann für längere Zeitabschnitte unter Druck arbeiten,
- kann Entscheidungen auf der Grundlage unvollständiger und potenziell falscher Information treffen.

Fallstudie JWC Teil 11

Reaktionsstruktur

Die Beraterin erläutert, dass Reaktion und Wiederherstellung zwei sich überschneidende Phasen sind, die Teams und Pläne erfordern. John drückt seine Zuversicht in sein Führungsteam aus. Er glaubt, dass sie alles unternehmen werden, was erforderlich ist, um den Betrieb wiederaufzunehmen. Die Beraterin zieht dies in Zweifel und bittet John zu bedenken, wie glatt Reaktion und Wiederherstellung ablaufen würden, wenn einige Führungskräfte nicht zur Verfügung stünden. John stimmt zu, dass das Unternehmen gefährdet wäre oder sogar scheitern würde, wenn seine Führungskräfte im Urlaub unerreichbar oder verletzt wären oder mit einer sehr angespannten Situation nicht umgehen könnten.

On John's whiteboard, the consultant maps out three teams:

1) A team responsible for **strategic management** conventionally called Crisis Management Team (CMT) to manage strategic issues
2) Incident Management Team (IMT), which is the **tactical team** to respond to any type of incident
3) Business Recovery Team (BRT), as **operational team** which reports to the IMT, to follow the plans for restarting business operations

As suggested by the consultant, John will be the sole member of the CMT and assigns himself as the IMT Leader and then nominates members of his leadership team to the following roles:

- Incident Communications (for alerting internal and external interested parties),
- People Response (for tracking the safety and welfare of impacted staff),
- Finance Response (for managing emergency purchasing and insurance) and
- Facilities Response (for salvage and security).

For the BRT, the consultant advises that the leader needs to be a good project manager. Someone who can oversee the execution of the plans in the right sequence and report status and issues. John nominates the IT Manager as the BRT Leader. He then nominates the remaining members of his leadership team to the following roles:

- Department Recovery (for tracking the performance of each department, as they restore according to their plan)
- ICT Recovery – also assigned to the IT Manager (for restoring ICT systems and delivering ICT resources such as laptops)
- People Recovery – also assigned to the People Response role (for providing temporary or permanent replacement staff)

The consultant reminds John that these people cannot operate 24/7, or they may be unavailable at the time of the incident. John nominates an alternate person to each role and then documents the team structure, membership, roles and the process for implementing the response structure.

Auf Johns Tafel arbeitet die Beraterin drei Teams aus:

1) ein Team für die **strategische Steuerung**, herkömmlich Krisenmanagementteam (Crisis Management Team – CMT) genannt,
2) das Störfallmanagementteam (Incident Management Team – IMT), welches als **taktisches Team** auf alle Zwischenfälle reagiert,
3) das Betriebswiederherstellungsteam (Business Recovery Team – BRT) als **operatives Team**, um die Pläne zur Wiederherstellung des Betriebes zu befolgen, das an das IMT berichtet.

Wie von der Beraterin vorgeschlagen, wird John das einzige Mitglied des CMT sein und er teilt sich auch als IMT-Vorsitzender ein. Danach teilt er die Mitglieder der Führungsmannschaft folgenden Rollen zu:

- Zwischenfallkommunikation (um die internen und externen interessierten Parteien zu alarmieren),
- Belegschaftsreaktion (zum Schutz und für das Wohlergehen der beeinträchtigten Belegschaft nachzuhalten),
- Finanzreaktion (um Notfalleinkäufe und die Versicherung zu steuern) und
- Standort Reaktion (für Bergung und Sicherheit).

Für das BRT empfiehlt die Beraterin, dass der Leiter ein guter Projektmanager sein sollte. Jemand, der die Ausführung von Plänen in der richtigen Reihenfolge betreuen sowie über Status und Probleme berichten kann. John benennt den Leiter ITK als BRT-Leiter. Danach teilt er die anderen Mitglieder seines Führungsteams folgenden Rollen zu:

- Wiederherstellung in den Abteilungen (um die Leistung jedes Teams in der eigenen Wiederherstellung nach Plan nachzuhalten)
- IT-Wiederherstellung – auch den ITK-Leiter zugeordnet (um die IT-Systeme wiederherzustellen und IT-Ressourcen wie Laptops zu liefern)
- Schutz der Belegschaft – auch der Belegschaftsreaktionsrolle zugeteilt (um Zeitarbeitskräfte oder Ersatzpersonal zu beschaffen)

Die Beraterin erinnert John daran, dass dieses Personal nicht an 24 Stunden in sieben Tagen der Woche arbeiten kann oder dass sie u. U. zum Zeitpunkt des Zwischenfalls nicht zur Verfügung stehen. Daher benennt John einen Vertreter für jede Rolle und dokumentiert darauf die Teamstruktur, Mitglieder, Rollen und den Prozess zur Umsetzung der Reaktionsstruktur.

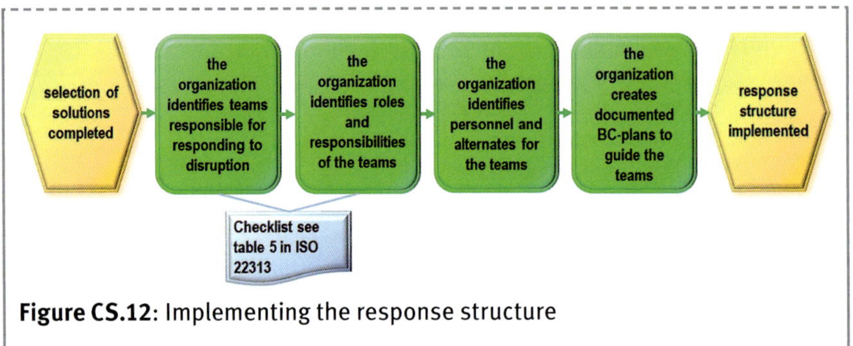

Figure CS.12: Implementing the response structure

8.4.3 Warning and Communicating

The golden rule for effective incident and disruption management is *communicate, communicate, communicate*. It is important to always remember that the trigger for warning (also known as alerting) and communicating includes an impending, not just an actual, disruption.

The organization will be judged by how people (i.e., the interested parties) will think and feel about the way that the organization responds, regardless of the facts. The organization needs to be crystal clear on:

- **What it communicates** – Communiques must be authorised, clearly understood and factual within the boundaries of privacy, legal constraints and common sense. Messaging needs to be structured and tailored to suit the information needs of affected interested parties. Consider what they need to hear – not what they want to hear.
- **When it communicates** – Notwithstanding any statutory or regulatory reporting requirements, the organization should manage the expectations of the interested parties by setting (and adjusting on change of circumstance) the frequency of issuing communications.
- **Who communicates to whom** – The organization must frequently identify all impacted and potentially impacted groups of interested parties affected by the disruption. Other interested parties, such as first responders and emergency services, may also require established communication channels during the incident.
- **How it communicates** – The organization must ensure that it has the mechanism (i.e., tools, facilities, and procedures) to issue and receive communications, regardless of the nature of the incident. Additional information can be found in ISO 22322.

Abbildung FS.12: Reaktionsstruktur umsetzen

8.4.3 Warnung und Kommunikation

Die goldene Regel für eine wirksame Zwischenfall- und Störfallbehandlung lautet: kommunizieren, kommunizieren, kommunizieren. Es ist wichtig zu beachten, dass der Auslöser für Warnung (auch Alarmierung genannt) und Kommunikation nicht nur tatsächliche, sondern auch drohende Störungen einschließt.

Die Organisation wird danach eingeschätzt, was Menschen (die interessierten Parteien) über die Art der Reaktion unabhängig von den Fakten denken und fühlen. Die Organisation muss zu folgenden Punkten vollkommen transparent sein:

- **Was sie kommuniziert** – Berichte müssen innerhalb der Grenzen der Privatsphäre, rechtlichen Einschränkungen und gesundem Menschenverstand klar zu verstehen, faktenbasiert und freigegeben sein. Das Nachrichtenwesen muss strukturiert und maßgeschneidert sein, um auf die Informationsbedürfnisse der betroffenen interessierten Parteien zu passen. Beachte, was sie hören müssen – nicht, was sie hören wollen.
- **Wann sie kommuniziert** – Unbeschadet von gesetzlichen oder behördlichen Anforderungen an die Berichte sollte die Organisation die Erwartungen der interessierten Parteien steuern, indem sie die Frequenz ihrer Berichte festlegt (und bei Änderungen der Umstände anpasst).
- **Wer mit wem kommuniziert** – Die Organisation muss regelmäßig alle betroffenen und potenziell betroffenen Gruppen der interessierten Parteien, die von der Störung betroffen sind, ermitteln. Andere interessierte Parteien, wie Ersthelfer und Notfalldienste können ebenso etablierte Kommunikationskanäle während des Zwischenfalls benötigen.
- **Wie sie kommuniziert** – Die Organisation muss sicherstellen, dass sie unabhängig vom Charakter des Zwischenfalls über die Instrumente (d.h.

The structured approach for warning and communicating should be defined in a Communication Plan, which includes forms and templates for documenting:

- the nature of the disruption
- in-bound and out-bound messages
- materially important decisions made by the response leadership and
- the actions taken.

Case Study JWC Part 12

Warning and communication

The consultant makes an interesting statement to John "even with the best team, the best capabilityand the best plans you can still fail". John is puzzled. The consultant responds: "communicate, communicate, communicate – effective internal and external communication is critical. Saying nothing to your customers may be worse than saying the wrong thing."

John agrees to be the spokesperson for the company and assigns himself to the Crisis Communication role. Together, they write a few basic templates ready for completing when needed. The templates are structured to adhere to the following basic rules. Messaging must be:

- Relevant, timely, authorised, clear, accurate, credible, well-coordinated and protecting people's privacy.
- Specific to the target group (e.g. customers, staff, suppliers etc.)

John understands the importance and benefits of prewritten documentation for response communication and he documents a process for warning and communication.

Hilfsmittel, Ausstattung und Methoden) zum Publizieren und zur Entgegennahme von Berichten verfügt. Zusätzliche Informationen finden sich in der ISO 22322.

Der strukturierte Ansatz für Alarmierung und Kommunikation sollte in einem Kommunikationsplan festgelegt werden, der Formulare und Vorlagen zur Dokumentation der

- Art der Störung,
- eingehende und verteilte Mitteilungen,
- Entscheidungen der Reaktionsführung von besonderer Bedeutung und
- getroffene Maßnahmen einschließt.

Fallstudie JWC Teil 12

Alarmierung und Kommunikation

Die Beraterin macht eine interessante Bemerkung John gegenüber: „Selbst mit dem besten Team, den besten Fähigkeiten und den besten Plänen kann man scheitern." John ist verwirrt. Die Beraterin antwortet: „Kommunizieren, kommunizieren, kommunizieren – wirksame interne und externe Kommunikation ist entscheidend." Nichts zu seinen Kunden zu sagen, kann schlechter sein als das Falsche zu sagen.

John stimmt zu, dass er der Sprecher für das Unternehmen ist und teilt sich selbst für die Rolle der Krisenkommunikation ein. Zusammen schreiben sie einige grundlegende Vorlagen, die bei Bedarf ergänzt und fertiggestellt werden können. Die Vorlagen sind so strukturiert, dass sie den folgenden grundlegenden Regeln folgen. Mitteilungen müssen:

- relevant, aktuell, klar, richtig, glaubwürdig, freigegeben und gut koordiniert sein und die Privatsphäre der Menschen beachten,
- zielgerichtet für die Zielgruppe sein (Kunden, Belegschaft, Lieferanten etc.).

John versteht den Vorteil von vorformulierter Dokumentation zur Reaktionskommunikation und dokumentiert den Prozess für Alarmierung und Kommunikation.

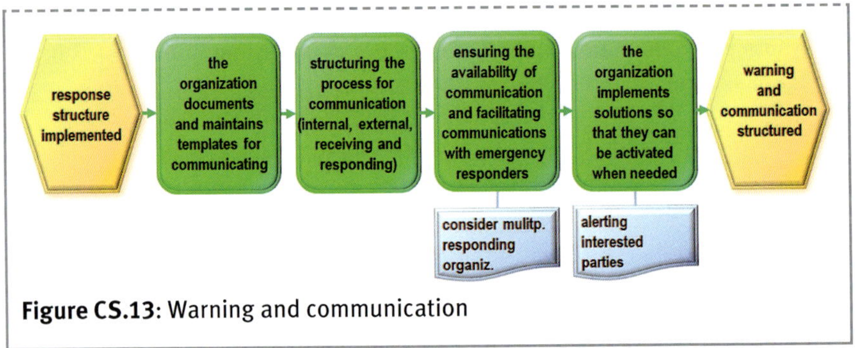

Figure CS.13: Warning and communication

8.4.4 Business Continuity Plans

The purpose of a business continuity plan is to provide guidance and information to a team of competent people, when responding to a disruption and contributing to the overall recovery of the organization's disrupted products and services.[32]

The key benefits of having plans are:

- They reflect a proven way (i.e., via exercises and tests) to achieve response or recovery objectives. This alleviates the ad-hoc need to define a process when time is limited intuitively, or through guesswork.
- In stressful circumstances, plans provide clarity and structure, which can reduce the stress levels of team members.
- There is no guarantee that team members will be available when needed to respond and recover (e.g. they may be injured because of the incident, they may be away on vacation etc.). As such, plans provide the necessary guidance and information to those seconded to the team who may not have any experience in response, recovery or the part of the organization impacted by the disruption.

32 ISO 22301, clause 8.4.4.1

Abbildung FS.13: Alarmierung und Kommunikation

8.4.4 Pläne zur Aufrechterhaltung der Betriebsfähigkeit

Der Zweck eines Plans zur Aufrechterhaltung der Betriebsfähigkeit besteht darin, einem Team sachkundiger Menschen Anleitung und Hinweise für die Reaktion auf eine Störung und ihren Beitrag zur allumfassenden Wiederherstellung der gestörten Produkte und Dienstleistungen zur Verfügung zu stellen.[32]

Die wesentlichen Vorteile von Plänen sind:

- Sie stellen (z. B. mittels Übungen und Tests) einen nachgewiesenen Weg dar, um ein Reaktions- oder Wiederherstellungsziel zu erreichen. Das reduziert die kurzfristige Notwendigkeit für instinktives oder gründliches Raten, um einen Prozess zu definieren, wenn die Zeit begrenzt ist.
- In stressigen Umständen bieten Pläne Klarheit und Struktur, was das Belastungsniveau der Teammitglieder reduzieren kann.
- Es gibt keine Garantie, dass Teammitglieder zur Verfügung stehen, wenn sie für Reaktion und Wiederherstellung gebraucht werden (z. B. können sie durch den Zwischenfall verletzt sein oder sie sind im Urlaub unerreichbar). Dann stellen Pläne die notwendige Anleitung und Hinweise für diejenigen zur Verfügung, die zur Unterstützung des Teams herangezogen werden, aber möglicherweise keine Erfahrung haben in der Reaktion, Wiederherstellung oder den Prozessen des Teils der Organisation, der von der Störung beeinträchtigt ist.

32 DIN EN ISO ISO 22301, Abschnitt 8.4.4.1

Collectively, business continuity plans should contain:[33]

- details for continuing or recovering prioritized activities by the RTO
- details for monitoring the impact of the disruption
- reference to activating the response based on predefined impact criteria and threshold(s) of disruption
- procedures for restoring product and service delivery at an acceptable capacity
- details for managing the immediate consequence of the incident, including emergency response to life safety threats, prevention of further loss and impact on the environment.

Business continuity plans might also collectively contain information for

- Communicating to affected interested parties
- Team activation
- Establishing locations for response and recovery teams to operate
- Communicating status and roadblocks through the response structure
- Standing down and returning to routine operations
- Conducting a post-incident review (i.e. debrief), looking for opportunities to improve the response and recovery process in readiness for future incidents

Individual business continuity plans should describe[34]:

- Purpose (e.g. restoration of the Finance department after an operational disruption)
- Scope (e.g. Finance activities operating at a given location)
- Objective (e.g. list of activities in RTO order)
- Roles, responsibilities and authorities
- Declaration criteria for team and plan activation.

  Note: It may be preferable to separate declaration criteria to allow the activation of the team from which a decision may be made to execute the plan
- Actions to be followed to meet the objectives

33 ISO 22301, clause 8.4.4.2

34 ISO 22301, clause 8.4.4.3

Zusammen sollen die Pläne zur Aufrechterhaltung der Betriebsfähigkeit Folgendes enthalten:[33]

- Details zur Fortsetzung oder Wiederherstellung von Aktivitäten mit Priorität innerhalb des RTO,
- Details zur Überwachung der Auswirkungen der Störung,
- basierend auf zuvor festgelegten Auswirkungskriterien und Schwellen der Störung Bezüge zur Aktivierung der Reaktion,
- Verfahren zur Wiederherstellung der Lieferung von Produkten und Dienstleistungen mit festgesetzten Kapazitäten,
- Details zur Steuerung der unmittelbaren Konsequenz des Zwischenfalls einschließlich Notfallschutz gegen Gefahren für Leib und Leben, Verhinderung weiterer Verluste und Auswirkungen auf die Umwelt.

Die Pläne zur Aufrechterhaltung der Betriebsfähigkeit können zusammen auch Methoden enthalten für:

- die Kommunikation mit betroffenen interessierten Parteien,
- die Teamaktivierung,
- die Einrichtung von Standorten für den Betrieb der Reaktions- und Wiederherstellungsteams,
- die Kommunikation zur Lage (incl. Straßensperren) mithilfe der Reaktionsstruktur,
- die Maßnahmen zur Auflösung der Teams und Rückkehr zum Routinebetrieb,
- die Durchführung einer Zwischenfallbeurteilung im Nachhinein (d. h. Nachbereitung), um Chancen zur Verbesserung des Reaktions- und Wiederherstellungsprozesses in Vorbereitung auf zukünftige Zwischenfälle zu ermitteln.

Die einzelnen Pläne zur Aufrechterhaltung der Betriebsfähigkeit sollten Folgendes beschreiben:[34]

- den Zweck (z. B. Wiederherstellung der Finanzabteilung nach einer betrieblichen Störung),
- den Anwendungsbereich (z. B. Finanzaktivitäten in Berlin),
- das Ziel (z. B. Liste der Aktivitäten in der Reihenfolge ihrer RTOs),

---

33 DIN EN ISO ISO 22301, Abschnitt 8.4.4.2

34 DIN EN ISO ISO 22301, Abschnitt 8.4.4.3

- Additional information required to activate, operate, coordinate and communicate the actions described in the plan
- Resources required to execute the plan
- Reporting requirements and relationships
- Standdown process.

For example, a Finance Recovery Plan might include procedures for:

- Notifying top management
- Accounting for staff (e.g. as part of an emergency response procedure)
- Activating the Finance Recovery Team
- Notify interested parties of the disruption
- Working with Facilities to relocate to another building
- Working with Human Resources to find temp staff
- Working with ICT to deliver replacement workstations
- Invoke workarounds for the loss of resources, etc.

Examples of Response Plans include:

- Emergency Response including safety and welfare, evacuation and staff tracking
- Crisis Management
- Crisis Communication
- Salvage and Security

Examples of Recovery Plans include:

- Business Unit recovery
- Site Relocation
- ICT Recovery

Due to the importance of business continuity plans, the organization should ensure that each plan is:

- Always up to date (i.e., as managed via the BCMS),
- Easy to follow (i.e., structured to include step by step instructions) and
- Available when required (i.e., access to plans is not adversely impacted by the disruption).

- die Rollen, Verantwortlichkeiten und Befugnisse,
- die Bekanntgabe der Kriterien für die Aktivierung von Team und Plan,

  Anmerkung: Möglicherweise ist es vorteilhaft, diese Punkte zu trennen, damit die Aktivierung des Teams möglich ist, das dann die Entscheidung treffen kann, den Plan auszuführen.
- die Maßnahmen, die befolgt werden sollen, um die Ziele zu erreichen,
- zusätzliche Informationen, die erforderlich sind, um die im Plan beschriebenen Maßnahmen zu aktivieren, durchzuführen, zu koordinieren und zu kommunizieren,
- die für die Ausführung des Plans erforderlichen Hilfsmittel,
- die Berichtserfordernisse und Beziehungen,
- den Auflösungsprozess für die Maßnahmen nach Wiederherstellung.

Zum Beispiel kann ein Finanz-Wiederherstellungsplan Verfahren enthalten für:
- die Information der obersten Leitungsebene,
- die Gehaltsbuchhaltung (z. B. als Teil eines Verfahrens zur Notfall-Reaktion),
- die Aktivierung des Wiederherstellungsteams für die Finanzorganisation,
- die Unterrichtung der interessierten Parteien über die Störung,
- die Zusammenarbeit mit Einrichtungen für den Umzug in ein anderes Gebäude,
- die Zusammenarbeit mit der Personalabteilung, um Zeitarbeitskräfte zu finden;
- die Zusammenarbeit mit ITK, um Ersatzcomputer zu beschaffen;
- die Aktivierung von Übergangslösungen für den Verlust von Hilfsmitteln etc.

Beispiele für Reaktionspläne schließen Folgendes ein:
- Notfallreaktionen einschließlich Sicherheit und Wohlergehen, Evakuierung und Mitarbeiter-Tracking,
- Krisenmanagement,
- Krisenkommunikation,
- Bergung und Sicherheit.

8.4.5 Recovery

Recovery refers to the processes for returning to business as usual from temporary measures. Usually it is planned and performed under more controlled and non-stressful conditions, i.e. the organization can choose when to return to business as usual with due consideration to a comfortable lead time for each part of the organization that was disrupted.

By the same token, recovery should not be considered trivial, since the risk of a poorly executed recovery process could lead to another disruption.

The trigger for recovery is usually tied to the nature of the disruption in terms of which resources were lost (e.g., facility, ICT system, people, supplier etc.) and how long it will take to replace, repair or source a new resource. Recovery procedures might reflect the reverse order of the response tasks in a plan. In all cases, recovery should be prefaced with confirmation that the business as usual environment has been assessed as ready for use.

Beispiele für Wiederherstellungspläne schließen Folgendes ein:

- Wiederherstellung von Geschäftsfeldern,
- Standortverlagerung,
- ITK Wiederherstellung.

Wegen der Bedeutung von Plänen zur Aufrechterhaltung der Betriebsfähigkeit sollte die Organisation sicherstellen, dass jeder Plan

- immer aktuell ist (also vom BCMS gesteuert ist),
- einfach zu befolgen ist (d. h. strukturiert einschließlich schrittweiser Anleitungen) und
- zur Verfügung steht, wenn er gebraucht wird (d. h. der Zugriff auf den Plan wird nicht durch die Störung behindert).

8.4.5 Wiederherstellung

Die Wiederherstellung bezieht sich auf die Prozesse, um von vorübergehenden Maßnahmen zum Normalbetrieb zurückzukehren. Üblicherweise wird es unter eher geregelten und weniger angespannten Bedingungen geplant und ausgeführt, d. h. die Organisation kann mit reiflicher Berücksichtigung einer bequemen Vorlaufzeit für jeden Teil der Organisation, der gestört war, bestimmen, wann sie zum Normalbetrieb zurückkehrt.

Trotzdem sollte die Wiederherstellung nicht für banal gehalten werden, da das Risiko eines schlecht ausgeführten Wiederherstellungsprozesses zu einer erneuten Störung führen könnte.

Der Auslöser für die Wiederherstellung ist üblicherweise mit der Natur der Störung verbunden. Diese hat Bezug auf die verloren gegangenen Ressourcen (z. B. der Standort, das IT-System, Menschen, Lieferant etc.) und darauf, wie lange es dauern wird, die Ressource zu ersetzen, zu reparieren oder eine neue Ressource zu beziehen. Wiederherstellungsmethoden können die umgekehrte Reihenfolge der Reaktionsaufgaben in einem Plan widerspiegeln. Auf jeden Fall sollte der Wiederherstellung eine Bestätigung vorangehen, dass das Umfeld des Normalbetriebs bewertet wurde und betriebsbereit ist.

Case Study JWC Part 13

Business Continuity Plans

The consultant drafts an Incident Management Plan (IMP) for John. It includes a decision table focused on triggers for activating the IMT and stand down, following the IMP. These triggers include:

- Life Safety – incident results in a fatality or injuries requiring more than firstaid
- Operational Disruption – incident likely to exceed activities' RTOs e.g., due to loss of ICT, loss of building, loss of supplier etc.
- Loss of staff – incidents, such as pandemic sickness

The IMP includes sections that details:

- The meeting location options for the IMT. In priority order:
  - The Board Room
  - A small conference room at a local Hotel
  - John's home
  - Remote conference.
- Various forms and templates to be used to document information (i.e., details of the incident, the resulting outcome, anticipated duration of the disruption, the decisions made and the actions specified including who they were allocated to and the target completion time).
- Communications strategy including the previously written draft statement for internal and external interested parties
- How to conduct status reporting meetings, including how often the IMT will meet
- Standdown criteria and process
- Contact lists for all staff, key suppliers and how to access contact details of customers

Fallstudie JWC Teil 13

Pläne zur Aufrechterhaltung des Betriebes

Die Beraterin entwirft für John einen Zwischenfallsteuerungsplan (Incident Management Plan – IMP). Dieser enthält eine Entscheidungstabelle mit dem Schwerpunkt, die Aktivierung des IMT auszulösen und am Ende des IMP aufzulösen. Die Auslöser schließen ein:

- Schutz des Lebens – der Zwischenfall resultiert in einem Todesfall oder Verletzungen, die mehr als Erste Hilfe verlangen,
- Betriebliche Störung – der Zwischenfall, der voraussichtlich das Aktivitäten-RTO wegen Verlust der IT, des Standorts oder von Lieferanten überschreitet,
- Verlust der Belegschaft – Zwischenfälle wie eine Pandemiekrankheit.

Der IMP enthält Abschnitte, die das Folgende genauer beschreiben:

- die Optionen für die Orte, an denen sich das IMT treffen kann – nach Prioritäten geordnet:
  - den großen Sitzungsraum,
  - einen kleinen Konferenzraum in einem lokalen Hotel,
  - Johns Haus;
  - Virtuelle Konferenz
- verschiedene Arten, Informationen zu dokumentieren (d.h. Details des Zwischenfalls, das Ergebnis, die erwartete Dauer der Störung, die getroffenen Entscheidungen und die festgelegten Maßnahmen einschließlich wem sie zugeordnet wurden und die angestrebte Fertigstellungszeit);
- die Kommunikationsstrategie, einschließlich des bereits geschriebenen Entwurfs einer Erklärung für die interessierten internen und externen Parteien;
- wie Statusreportkonferenzen durchgeführt werden, einschließlich wie oft das IMT sich treffen wird;
- Auflösungskriterien und -prozess;
- Kontaktlisten der Belegschaft, wichtigsten Lieferanten und der Zugang zu den Kontaktdaten der Kunden.

Over the following 3 weeks, the consultant works with each department manager by using a plan template to write their Business Recovery Plan (BRP). The BRP includes sections that detail:

- A list of activities in RTO order
- Step by step instructions for relocating the department
- The workarounds developed for each materially important resource
- Various forms and templates to be used to document information and action items
- Contact list for their staff and the CMT

John reviews the IMP and each of the BRPs. Based on the consultant's advice, John looks to confirm that the content is easy to follow and complete, including contact details of internal and external contacts. John identifies that the Customer Services plan is missing the workaround for the loss of the telephone system. He requests that the plan be updated to detail the process for diverting the company number and the customer contact details to the Customer Service Manager's mobile phone.

Looking back on the journey, John realizes the efforts his team has made. He calls a meeting with his leadership team and the consultant to express his heartfelt gratitude. As a management team they take great comfort knowing that the business and their livelihoods are better protected than before the BCMS project. At the meeting a few of the managers express some concern. They do not feel confident that they have the necessary skill and experience to actually respond to a real incident. The consultant documents the process for establishing the BC plan and explains that there is one more key step in the journey – Exercises.

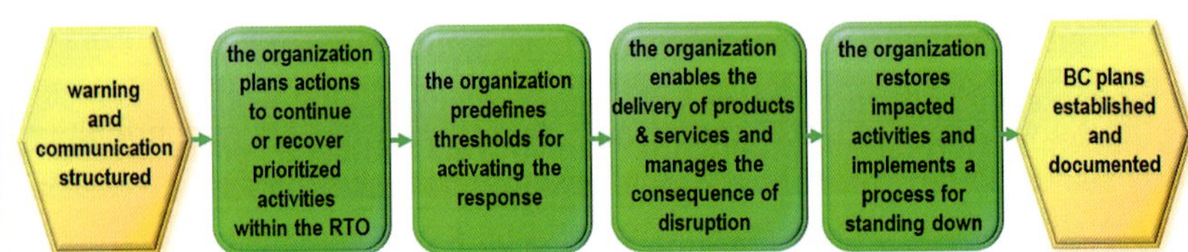

Figure CS.14: Establishing the Business Continuity Plan

Die nächsten drei Wochen arbeitet die Beraterin mit allen Teamleitern zusammen, indem sie eine Planungsvorlage verwendet, um den Geschäftswiederherstellungsplan (Business Recovery Plan – BRP) zu schreiben. Der BRP enthält Abschnitte, die im Einzelnen:

- Aktivitäten in der RTO-Reihenfolge auflisten,
- Schritt-für-Schritt Anleitungen für den Umzug eines Teams enthalten,
- Übergangslösungen, die für alle wesentlichen Ressourcen entwickelt wurden, enthalten,
- verschiedene Formblätter und Vorlagen, Informationen und Handlungsanweisungen zu dokumentieren, enthalten,
- Kontaktdaten der Belegschaft und das CMT dokumentieren.

John überprüft den IMP und alle BRPs. Auf der Grundlage des Rates der Beraterin achtet John darauf, dass der Inhalt leicht befolgt und ergänzt werden kann – einschließlich der Kontaktdaten von internen und externen Ansprechpartnern. John stellt fest, dass der Kundendienstleistungsplan und die Zwischenlösung für die ausgefallene Telefonanlage fehlen. Er verlangt, dass der Plan aktualisiert wird, indem die Unternehmensnummer und die Kundenkontaktdaten auf das Mobiltelefon des Kundendienstleiters umgeleitet werden.

Im Rückblick auf die Reise erkennt John die Anstrengungen, die sein Team bewältigt hat. Er beruft eine Konferenz seines Führungsteams und der Beraterin ein, um seine innige Dankbarkeit zum Ausdruck zu bringen. Als Steuerungsteam beruhigt es sie erheblich, zu wissen, dass ihr Unternehmen und ihr Auskommen besser geschützt sind als vor dem BCMS-Projekt. Bei dem Termin bringen ein paar der Führungskräfte ihre Bedenken zum Ausdruck. Sie sind nicht zuversichtlich, dass sie die erforderlichen Fähigkeiten und Erfahrung haben, um auf einen realen Zwischenfall zu reagieren. Die Beraterin dokumentiert den Prozess zur Einführung des BC-Plans und erläutert, dass es einen weiteren wesentlichen Schritt auf der Reise gibt – Übungen.

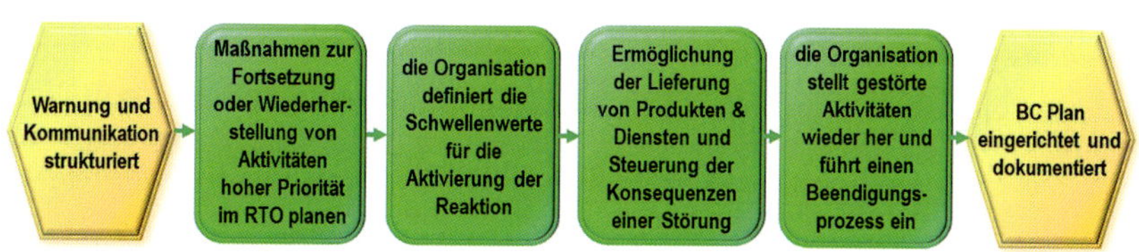

Abbildung FS.14: Einführung des Business Continuity Plans

8.5 Exercise programme

Often overlooked as one of the most critical aspect of Business Continuity, exercising delivers the first level of proof the organization needs to confirm that its capabilities and procedures will actually meet its business continuity requirements and ultimately protect the organization from disruption.

Without proof, the organization is merely being protected by hope.

Exercising is undertaken via programmes that collectively and over time, provide the necessary evidence that the organization can respond to and recover from disruption.

The term "test" is often used in place of, or – as in ISO 22301 clause 8.5 – in conjunction with "exercise". However, there is an important difference between an exercise and a test.

- An exercise is experienced based. This type of activity typically provides the opportunity to learn, improve competency and identify gaps between expectation and reality.
- A test is outcome based. This type of activity typically results in a quantifiable outcome such as pass or fail.

The objective of the exercise programme is to:[35]

- Ensure the business continuity capability and plans support the purpose of the organization. Within the context of business continuity, this relates to ensuring that the RTO targets set during the BIA can be achieved.
- Ensure that each exercise activity is defined with a clear objective and is appropriately structured, planned and based on a credible scenario. The design of a scenario should be made with due consideration to the following attributes:
  - True to Life – must use the same procedure/process as if the scenario was real
  - Pragmatic – must be built around realistic and meaningful incidents to engage participants
  - Low Risk – must not materially endanger the business.
- Improve the competence, confidence and knowledge of those required to perform roles in responding to and recovering from disruption. Attributes

35 ISO 22301, clause 8.5

8.5 Übungsprogramm

Häufig übersehen als einer der kritischsten Gesichtspunkte der Aufrechterhaltung der Betriebsfähigkeit stellen Übungen den von der Organisation benötigten Nachweis zur Bestätigung, dass ihre Fähigkeiten und Maßnahmen tatsächlich ihre BC-Anforderungen erfüllen und letztlich die Organisation vor Störungen schützt, bereit.

Ohne Nachweis ist die Organisation nur durch Hoffnung geschützt.

Übungen werden in Programmen durchgeführt, die zusammen und über die Zeit hinreichendes Zeugnis darüber ablegen, dass die Organisation auf eine Störung reagieren kann und sich nach einer Störung erholen kann.

Der Begriff Prüfungen wird häufig anstelle oder – wie in der ISO 22301, Abschnitt 8.5 – neben dem Begriff Übungen verwendet. Allerdings gibt es einen wichtigen Unterschied zwischen einer Übung und einer Prüfung:

- Eine Übung ist erfahrungsbasiert. Eine solche Aktivität bietet typischerweise die Möglichkeit zu lernen und die Kompetenz zu verbessern sowie Lücken zwischen Erwartungshaltung und Realität aufzudecken.
- Eine Prüfung ist ergebnisorientiert. Die Aktivität resultiert üblicherweise in einem quantifizierbaren Ergebnis wie bestanden oder durchgefallen.

Das Ziel des Übungsprogramms ist es:[35]

- sicherzustellen, dass die BC Fähigkeiten und Pläne den Zweck der Organisation unterstützen. Innerhalb des Zusammenhangs von BC bezieht sich dies auf die RTO Ziele, die in der BIA festgesetzt wurden.
- sicherzustellen, dass alle Übungsaktivitäten mit einem klaren Ziel definiert und angemessen strukturiert, geplant und auf einem glaubhaften Szenario basiert sind. Die Ausgestaltung des Szenarios sollte unter angemessener Berücksichtigung der folgenden Eigenschaften erfolgen:
  - lebensnah – es sollte die gleichen Methoden/Prozesse verwendet werden wie bei einem realen Szenario,
  - pragmatisch – es müssen realistische und aussagekräftige Zwischenfälle sein, um die Teilnehmer zu engagieren,
  - niedriges Risiko – der Betrieb darf nicht gefährdet werden.
- die Kompetenz, das Selbstvertrauen und das Wissen derjenigen zu verbessern, die gebraucht werden, um Rollen in der Reaktion auf und die Wie-

35 DIN EN ISO 22301, Abschnitt 8.5

include leadership, teamwork, communication and decision making, especially during stressful situations.

- Confirm that the requirements specified during the BIA and approved by top management will be delivered by the chosen business continuity strategies and solutions. A Disaster Recovery test is undertaken to confirm that an ICT System can be restored by its RTO in support of the operational needs of the dependent activities.
- Formally document the results of the exercise and provide recommendations and actions for improvement. Each report should include:
  - Date, time and location of the exercise
  - Objective, exercise method[36] and scenario
  - Participants and their respective roles
  - Observations, implications and recommendations
- Highlight to the organization the importance of continual improvement, since exercises will uncover BC gaps and deficiencies due to changes within the organization that were not brought to the attention of the business continuity process. If left unchecked, will diminish the effectiveness of its business continuity capabilities and plans over time.
- Schedule exercise activities with appropriate frequency as well as in response to significant operational change.

Additional guidance regarding planning, conducting and improving exercise programmes can be found in ISO 22313 clause 8.5 and in ISO 22398.

Case Study JWC Part 14

Exercises

John and the consultant meet to discuss the Exercise stage. John expresses that he shares the team's concern about not being ready. The consultant proposes:

36 ISO 22313, clause 8.5.3 table 6 presents examples of exercise methods

deraufnahme des Betriebs nach einer Störung auszuführen. Die Merkmale schließen Führung, Teamwork, Kommunikation und Entscheidungsfindung insbesondere in aufreibenden Situationen ein.

- zu bestätigen, dass die BC-Strategien und -Lösungen die in der BIA bestimmten und von der obersten Führung bestätigten Anforderungen erfüllen. Ein Test zur Wiederaufnahme der Tätigkeit nach einem Notfall wird zur Bestätigung durchgeführt, dass ein ITK-System innerhalb seines RTO wiederhergestellt werden kann, um die betrieblichen Erfordernisse der davon abhängigen Aktivitäten zu unterstützen.
- Ergebnisse der Übung formal zu dokumentieren und Empfehlungen sowie Maßnahmen zur Verbesserung zur Verfügung zu stellen. Jeder Bericht sollte Folgendes enthalten:
  - Datum, Zeit und Ort der Übung,
  - Ziel, Übungsmethode[36] und Szenario,
  - Teilnehmer und ihre Rollen,
  - Beobachtungen, Auswirkungen und Empfehlungen.
- die Bedeutung von ständiger Verbesserung hervorheben, da Übungen BC-Lücken und Mängel aufgrund Veränderungen innerhalb der Organisation aufdecken, die nicht dem BC-Prozess zur Kenntnis gebracht wurden. Wenn dies unkontrolliert bleibt, wird die Wirksamkeit der BC-Fähigkeiten und -Pläne über die Zeit abnehmen.
- Übungsaktivitäten mit angemessener Häufigkeit und als Reaktion auf bedeutende betriebliche Änderungen zeitlich einzuplanen.

ISO 22313 Abschnitt 8.5 und ISO 22398 enthalten zusätzliche Empfehlungen zur Planung, Durchführung und Verbesserung des Übungsprogramms.

Fallstudie JWC Teil 14

Übungen

John und die Beraterin treffen sich, um die Übungsphase zu besprechen. John erklärt, dass er die Bedenken des Teams, nicht bereit zu sein, teilt. Die Beraterin schlägt vor:

36 DIN EN ISO 22313, Abschnitt 8.5.3 Tabelle 6 stellt Beispiele von Übungsmethoden vor.

- An education session to be delivered as soon as everyone can be made available
- A series of three exercise activities to be scheduled over the next 9 months

The overall objective is to improve the competence of the teams, validate the implemented solutions and assess the accuracy and clarity of the plans.

To improve the learning experience, the consultant recommends that John does not know the scenarios beforehand. John expresses his nervousness about not being able to prepare if he does not know what the incident will be. The consultant reminds John that in real life, no one knows what the incident will be. An exercise is a safe environment to experience, to make mistakes and learn. The consultant states the exercise mantra: "there is no such thing as a failed exercise – there is always something to learn".

The consultant designs the following activities:

- Activity 1: Incident Management and Business Recovery education – 120 minutes designed for the IMT and the BRT to understand leadership, decision making under pressure, communications principles and a walk-through of the IMP and BRP
- Activity 2: Desktop simulation for primary role holders – 2 hours low-stress activity designed for the primary role holders to respond to a simulated incident that disrupts business operations
- Activity 3: Desktop simulation for alternate role holders – 2 hours low-stress activity designed for the alternate role holders to respond to a different simulated incident that disrupts business operations
- Activity 4: Desktop simulation for the BRT and the BRT leaders – 60 minutes low-stress activity using the same scenario as Activity 2.

John reviews this programme. He takes comfort knowing that the first session is education. He asks whether a report will be produced after each exercise. The consultant explains that John will receive a formal feedback report presenting observations, implications and improvement suggestions.

- eine Ausbildungssitzung, die stattfindet, sobald alle zur Verfügung stehen können,
- eine Serie von drei Übungsaktivitäten, die über die nächsten neun Monate terminiert werden.

Das Gesamtziel ist die Verbesserung der Kompetenz des Teams, die in Kraft gesetzten Lösungen zu bestätigen und die Genauigkeit und Klarheit der Pläne zu bewerten.

Um den Lernprozess zu verbessern, empfiehlt die Beraterin, dass John die Szenarien nicht kennt. Dieser bringt seine Nervosität zum Ausdruck, weil er sich nicht vorbereiten kann, wenn er den Zwischenfall nicht kennt. Die Beraterin erinnert John, dass im realen Leben, niemand den Zwischenfall im Vorweg kennt. Eine Übung ist ein sicheres Umfeld, um Erfahrungen und Fehler zu machen und zu lernen. Sie erklärt das Übungsmantra: »Es gibt keine misslungene Übung – es gibt immer etwas zu lernen.«. Sie entwickelt die folgenden Übungen:

- Aktivität 1: Zwischenfall-Steuerungs- und Betriebswiederherstellungsausbildung – 120 Minuten entwickelt für das IMT und das BRT, um Führung, Entscheidungen unter Druck und Kommunikationsprinzipien zu verstehen, und zwar ein Durchlauf mit IMP und BRP;
- Aktivität 2: Schreibtisch-Simulation für Primärrolleninhaber – zwei Stunden für die Primärrolleninhaber, um auf einen simulierten Zwischenfall, der den Betrieb stört, unter niedriger Belastung zu reagieren;
- Aktivität 3: Schreibtisch-Simulation für die Vertreter der Rolleninhaber – zwei Stunden Aktivität unter niedriger Belastung für die Vertreter, um auf einen anderen simulierten Zwischenfall, der den Betrieb stört, zu reagieren;
- Aktivität 4: Schreibtischsimulation für die BRT und die BRT-Leiter – 60 Minuten Aktivität unter niedriger Belastung mit Nutzung des gleichen Szenarios wie in Aktivität 2.

John sieht dieses Programm durch. Er ist zufrieden, dass der erste Lehrabschnitt Ausbildung ist. Er fragt, ob es einen Bericht nach jeder Übung geben wird. Die Beraterin erläutert, dass John eine formelle Rückmeldung mit den Beobachtungen, Schlussfolgerungen und Verbesserungsvorschlägen erhalten wird.

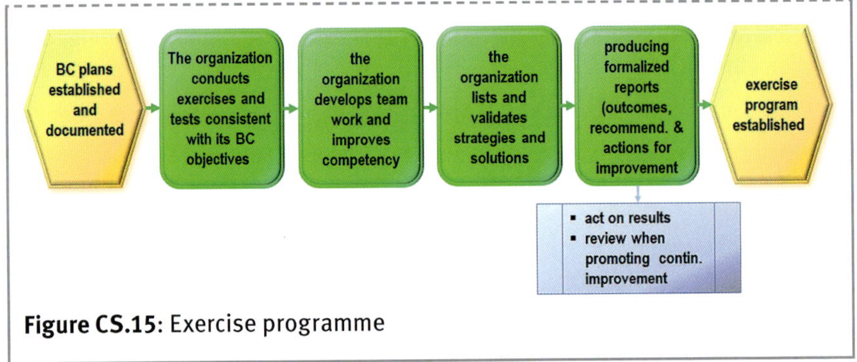

Figure CS.15: Exercise programme

8.6 Evaluation of business continuity documentation and capabilities

As described in section 8.5, exercising is contributing to continual improvement by ensuring business continuity capabilities and team competence always reflects the changing needs of the organization. Evaluation also contributes to continual improvement, by ensuring business continuity capabilities and team competence continue to be suitable, adequate and effective.[37]

The evaluation process takes many forms including reviews, analysis, exercises, tests, post-incident reports and performance evaluations.

The objective of the evaluation process is to take the experience of undertaking the BIA, RA, strategies and solutions development, plans and procedures development and exercise results to improve the process of the next iteration of the business continuity cycle. For example, if several exercise reports collectively indicate that the level of competency has not improved and remains deficient, this will drive the need to change the design and facilitation of future exercises or to deliver more training.

The organization should confirm adherence to its own Business Continuity Policy and objectives. For example, the Policy may specify that the BIA is to be undertaken every 12 months while the actual frequency has proven to be closer to every 20 months. This will require top management to either modify the Policy or increase the priority given to the BCMS.

The evaluation process is not restricted to internal processes and considerations. It is prudent to also consider the organization's dependency on partners

37 ISO 22313, clause 8.6

Abbildung FS.15: Übungsprogramm

8.6 Bewertung der Dokumentation und Fähigkeiten zur Aufrechterhaltung der Betriebsfähigkeit

Wie in Abschnitt 8.5 beschrieben, tragen Übungen zur fortlaufenden Verbesserung dadurch bei, dass sie sicherstellen, dass BC-Fähigkeiten und Team-Kompetenz immer die sich ändernden Anforderungen der Organisation widerspiegeln. Bewertung trägt ebenfalls zur fortlaufenden Verbesserung bei, indem sie sicherstellt, dass BC-Fähigkeiten und Team-Kompetenz weiterhin geeignet, angemessen und wirksam sind.[37]

Der Bewertungsprozess kann viele Formen annehmen, einschließlich Überprüfungen, Analysen, Übungen, Tests, Berichte nach Zwischenfällen und Leistungseinschätzungen.

Ziel des Bewertungsprozesses ist es, die Ergebnisse der Business Impact Analyse, der Risikobeurteilung, der Entwicklung von Strategien und Lösungen und von Plänen und Verfahren sowie die Übungsergebnisse zu nehmen, um den Prozess für die nächste Wiederholung des Business Continuity Durchlaufs zu verbessern. Mehrere Übungsberichte zusammen deuten z. B. darauf hin, dass der Kompetenzgrad sich nicht verbessert hat und unzulänglich bleibt. Das ruft nach einer Veränderung der Ausgestaltung und Vermittlung zukünftiger Übungen.

Die Organisation sollte die Befolgung ihrer eigenen Leitlinie für die Aufrechterhaltung der Betriebsfähigkeit und Ziele bestätigen. Diese mag z. B. vorschreiben, das die BIA alle 12 Monate erfolgen soll, während die Bewertung ergibt, dass sie nur alle 20 Monate erfolgt. Damit muss die oberste Führungsebene

37 DIN EN ISO 22313, Abschnitt 8.6

and suppliers and to evaluate their business continuity competency and capabilities. This may be achieved through a variety of techniques that include: survey, interview and exercise participation or reports. Similarly, the organization may evaluate compliance with applicable legal and regulatory requirements and industry best practices.

Changes to the business continuity process (i.e., documentation and procedures) resulting from the evaluation are to be implemented:

- in a timely manner, which may be influenced by laws, regulations and the requirements of interested parties
- after an incident or activation
- in response to significant operational change.

Case Study JWC Part 15

Evaluation of the BC documentation and capabilities

After the education session and the first exercise, John and his team realize that exercises are not scary. In fact, they found the role play aspect a welcome break from normal routine. They accelerate the programme and complete all three exercises in 4 months.

The consultant meets with John to go over the results of the fourth exercise and draws conclusions from all three activities. John leads the conversation. He remarks that he sees a noticeable increase in competence in his team. The consultant adds that John has also improved his leadership, communication and decision-making skills. John reflects on his nervousness prior to the first exercise and thanks the consultant for pushing him to step out of his comfort zone.

entweder die Leitlinie anpassen oder die Priorität für den Business Continuity Prozess verbessern.

Der Bewertungsprozess ist nicht auf die internen Prozesse und Überlegungen beschränkt. Es ist klug, auch die Abhängigkeit der Organisation von Partnern und Lieferanten zu bedenken und deren Kompetenzen und Fähigkeiten zur Aufrechterhaltung ihrer Betriebe zu bewerten. Dies kann durch eine Reihe von Techniken, einschließlich Umfrage, Interview und Teilnahme an Übungen sowie Berichten erreicht werden. In ähnlicher Form kann die Organisation die Einhaltung anwendbarer rechtlicher und behördlicher Anforderungen und bewährter Branchen-Verfahren bewerten.

Änderungen von Prozessen (d. h. der Dokumentation und Verfahren), die aus der Bewertung folgen, sind umzusetzen:

- innerhalb eines angemessenen Zeitraums, der sich aus dem Gesetz, behördlichen Anordnungen und den Anforderungen der interessierten Parteien ergeben kann,
- nach einem Zwischenfall oder einer Aktivierung,
- als Reaktion auf wesentliche betriebliche Veränderungen.

Fallstudie JWC Teil 15

Bewertung der BC-Dokumentation und Fähigkeiten

Nach der Ausbildungssitzung und der ersten Übung merken John und sein Team das Übungen nicht schreckenerregend sind. Tatsächlich empfanden sie den Aspekt der Rollenspiele als eine willkommene Abwechslung von der normalen Routine. Sie beschleunigen das Programm und beenden die drei Übungen in vier statt 9 Monaten.

Die Beraterin trifft sich mit John, um die Ergebnisse der vierten Übung zu besprechen und Rückschlüsse aus allen drei Aktivitäten zu ziehen. John führt die Besprechung. Er beobachtet eine bemerkbare Kompetenzsteigerung bei seinem Team. Die Beraterin ergänzt, dass John auch seine Führungs-, Kommunikations- und Entscheidungskompetenz verbessert habe. John denkt an seine Nervosität vor der ersten Übung und bedankt sich bei der Beraterin, dass sie ihn aus seiner Komfortzone gedrängt hat.

The consultant highlights the top 5 observations that require a re-think and a change to the BC strategies, team structure and recovery plans:

1) The solution to relocating manufacturing to John's garage and shed is flawed because there is insufficient power to run the equipment, plus the facility is inappropriate in winter.
2) Accessing plans and other documentation, when ICT is down, is impossible.
3) Tracking the location of every member of staff and visitor after evacuating the building was not achievable.
4) Sourcing 21 laptops from their support provider and preparing them for use is not achievable within the target time frame.
5) The IT Manager cannot be the BRT Manager and ICT Recovery Manager during incidents of ICT service delivery failure, because he needs to dedicate all his efforts to working with their outsourced service provider to restore ICT services.

John agrees with the consultant and remarks that, on face value, the first issue seems to be the most challenging. He makes a personal commitment to resolve all issues over the next 2 months, including updating the plans. John documents the process for the evaluation of the business continuity documentation and capabilities.

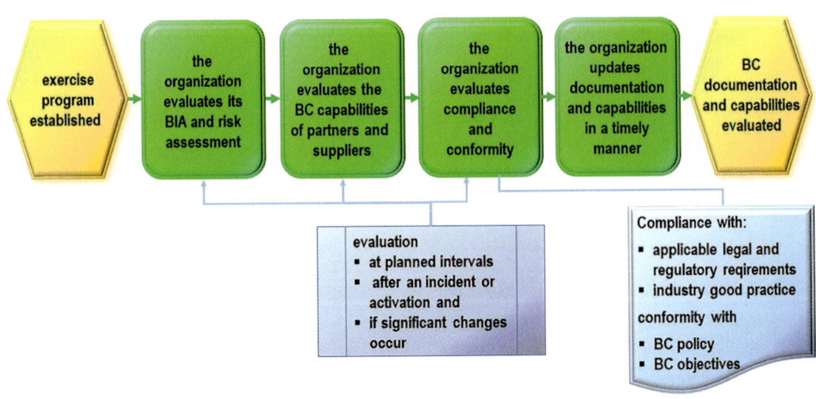

Figure CS.16: Evaluation of BC documentation and capabilities

Die Beraterin betont die fünf wichtigsten Beobachtungen, die ein Umdenken und Wechsel in den BC-Strategien, Teamstruktur und Wiederherstellungsplänen erfordern:

1) Die Lösung, die Produktion in Johns Garage und Schuppen zu verlagern, ist fehlerhaft, weil es zu wenig Strom, um die Ausrüstung zu betreiben, gibt und die Örtlichkeit im Winter ungeeignet ist.
2) Die Pläne und weitere Dokumentation abzurufen, wenn die IT gestört ist, ist nicht möglich.
3) Den Standort aller Belegschaftsmitglieder und Besucher nach einer Evakuation festzustellen, war nicht ausführbar.
4) Der Erwerb von 21 Laptops von JWCs IT-Lieferanten und sie gebrauchsfertig zu konfigurieren innerhalb des Zeitrahmenziels ist erzielbar.
5) Der ITK-Verantwortliche kann nicht zugleich der BRT-Leiter und der Verantwortliche für die IT-Wiederherstellung während Störfällen der IT sein, da er seine Arbeitskraft voll auf die Zusammenarbeit mit dem ausgelagerten Dienstleister für die Wiederherstellung von IT-Diensten konzentrieren muss.

John stimmt mit der Beraterin darin überein, dass die Lösung für das erste Problem am anspruchsvollsten ist. Er geht eine persönliche Verpflichtung ein, alle Probleme innerhalb der nächsten zwei Monate zu lösen – einschließlich Aktualisierung der Pläne. Er dokumentiert den Prozess zur Bewertung der Business-Continuity-Dokumentation und -Fähigkeiten.

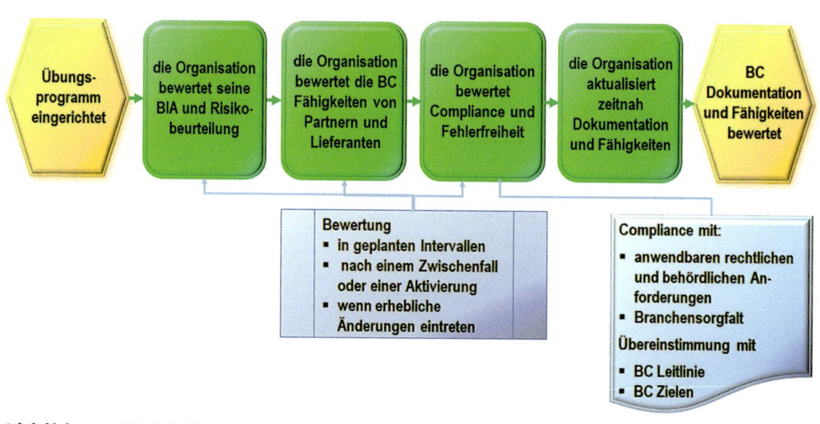

Abbildung FS.16: Bewertung der BC-Dokumentation und -Fähigkeiten

Step 3: Check and Act

Schritt 3: Prüfen und Handeln

9 Performance Evaluation

ISO 22301 refers to two different types of evaluation. Clause 8.6 of ISO 22301 describes the requirements for evaluating the organization's business continuity capability, while Clause 9 of ISO 22301 evaluates the performance and effectiveness of the BCMS.

ISO 22301 Clause 9 focuses specifically on undertaking:

- an internal audit
- management reviews

9.1 Monitoring, Measurement, Analysis and Evaluation

BCMS performance includes the active steps of monitoring, measuring, analyzing and evaluating. The BC Manager is responsible for ensuring BCMS performance. In the context of performance evaluation, this includes:

- determining what is to be evaluated
- how it is to be evaluated, including evaluation metrics
- who is to perform the evaluation
- when and how often the evaluation is to be performed
- where and for how long the evidence and results will be stored

9.2 Internal Audit

The purpose of internal audit is to evaluate the extent to which the objectives of the BCMS are being achieved.

Regardless of whether the organization is pursuing ISO 22301 certification or not, the internal audit independently evaluates the extent of adherence to each 'shall' statement in ISO 22301.

The attribute of independence is key to internal audit. This means the selection of personnel charged with the responsibility of the evaluation must guarantee objectivity and impartiality. Personnel may be selected from within, or external to, the organization. They need the appropriate competencies in audit and the BCMS. Also, they must be independent of those who are part of the BCMS.

9 Bewertung der Leistung des BCMS

ISO 22301 bezieht sich auf zwei unterschiedliche Bewertungen. Abschnitt 8.6 der Norm beschreibt die Anforderungen an die Bewertung der Business Continuity Fähigkeit (siehe Abschnitt 8.6), während Abschnitt 9 der Norm die Leistung und Wirksamkeit der BCMS bewertet.

ISO 22301 Abschnitt 9 richtet sich speziell auf die Durchführung:

- einer Internen Revision
- von Managementbewertungen.

9.1 Überwachung, Messung, Analyse und Bewertung

BCMS-Leistungsbewertung umfasst die aktiven Schritte Überwachen, Messen, Analysieren und Bewerten. Der Leiter für die Aufrechterhaltung der Betriebsfähigkeit ist für die Absicherung der Leistung des BCMS verantwortlich. Im Zusammenhang mit der Leistungsbewertung schließt das ein, zu entscheiden:

- was bewertet werden soll,
- wie die Bewertung erfolgen soll – einschließlich der Bewertungskennzahlen,
- wer die Bewertung durchführen soll,
- wann und wie oft die Bewertung erfolgen soll,
- wo und wie lange die Unterlagen und Ergebnisse gelagert werden sollen.

9.2 Interne Revision

Der Zweck der Internen Revision ist die Bewertung des Ausmaßes, in welchem die Ziele des BCMS erreicht werden.

Unberührt von der Frage, ob die Organisation eine Zertifizierung nach DIN EN ISO 22301 anstrebt, bewertet die Interne Revision unabhängig den Umfang in welchem jede ‚muss'-Bekundung der Norm befolgt wird.

Das Merkmal der Unabhängigkeit ist wesentlich für die Interne Revision. Das bedeutet, dass Objektivität und Unbefangenheit bei der Auswahl des Personals mit der Verantwortung für die Interne Revision garantiert werden muss. Das Personal kann sowohl intern als auch extern ausgewählt werden. Es benötigt die angemessenen Kompetenzen für die Revisionsarbeit und das BCMS. Und es muss natürlich unabhängig von der Belegschaft sein, die Teil des BCMS ist.

The focus of the audit should match the scope of the BCMS. The audit may be divided into smaller parts spread over the duration of the BCMS cycle period as specified in the BC Policy.

The results of the audit must be reported to the relevant managers. This is typically done by documenting and reporting non-conformities and defining corrective action. It forms the basis of the Management Review.

Greater understanding of the Audit process can be found in ISO 19011:2018 Guidelines for auditing management systems.

9.3 Management Review

It is the responsibility of top management to ensure the continued:

- suitability – appropriate to support the purpose and context of the organization
- adequacy – appropriate to the scope of the BCMS and
- effectiveness – operation of the organization's continuity capabilities and procedures

of the organization's BCMS.

The management review takes various sources of inputs, such as:

- the status of actions from previous management review
- the results of internal reviews
- changes to the organization's context
- changes to the organization's structure, products and services
- results from the evaluation of the organization's business continuity capability
- information from the enterprise risk management process
- lessons learned from exercises, tests and live incidents

The output of the management review is a Corrective Action Plan. It must aim to resolve any deficiencies and non-conformities identified in the BCMS. Top management is responsible for approving the scope, assigning actions and time frames for implementing the changes to the BCMS. The results of these decisions are to be documented and then communicated to relevant interested parties.

Der Fokus der Revision soll mit dem Anwendungsbereich des BCMS übereinstimmen. Die Revision kann in kleinere Abschnitte unterteilt werden, die über den in der BC-Leitlinie spezifizierten BCMS-Zyklus verteilt werden.

Die Ergebnisse der Internen Revision müssen den betroffenen Führungskräften berichtet werden. Das wird üblicherweise mit einem Dokument erfolgen, in dem die Fehler aufgeführt sind und die Korrekturmaßnahmen definiert werden. Dies bildet die Basis der Managementbewertung.

Einzelheiten zum Revisionsprozess können der DIN EN ISO 19011:2018 Leitfaden zur Auditierung von Managementsystemen entnommen werden.

9.3 Überprüfung durch das Management

Es liegt in der Verantwortung der obersten Leitung sicherzustellen, dass andauernde:

- Eignung (d. h. geeignet Zweck und Kontext der Organisation zu unterstützen)
- Angemessenheit (d. h. geeignet für den Anwendungsbereich des BCMS) und
- Wirksamkeit (d. h. für den Betrieb der Fortbestandsfähigkeiten und Verfahren der Organisation)

für das BCMS der Organisation gegeben sind.

Die Managementbewertung hat verschiedene Eingangsgrößen wie:

- den Status von Maßnahmen aus vorangegangener Managementbewertung,
- die Ergebnisse interner Prüfungen,
- Änderungen des Umfelds der Organisation,
- Änderungen der Struktur, der Produkte und Dienstleistungen der Organisation,
- Ergebnisse der Bewertung der BC-Fähigkeit der Organisation,
- Ergebnisse des Risikomanagementprozesses,
- Erfahrungen aus Übungen und realen Zwischenfällen.

Das Ergebnis der Überprüfung durch das Management ist ein Plan für Korrekturmaßnahmen. Dieser muss die identifizierten Mängel und Fehler beseitigen. Die oberste Führung ist dafür verantwortlich, den Anwendungsbereich, die Zuordnung von Aktivitäten und die Zeitrahmen für die Umsetzung von Änderungen des BCMS zu genehmigen. Diese Entscheidungen müssen dokumentiert werden und daraufhin den relevanten interessierten Parteien kommuniziert werden.

Case Study JWC Part 16

BCMS Performance Evaluation

It has been 3 months since John and the consultant discussed the results of the exercise activities. The consultant meets with John to shift his attention from Business Continuity (i.e. capabilities, teams and plans) to the BCMS.

The consultant highlights the importance of evaluating business change – in this case the introduction of the BCMS. Now that the business is at the end of the first BCMS cycle, John agrees that it is the right time to undertake an objective review of the BCMS. The consultant explains that there are two types of evaluation: Internal Audit and a Management Review.

John says that he is familiar with the concept of the internal audit because his back office manager performs a type of internal audit each year. John asks the consultant to perform the internal audit with the back office manager. The objective is to enable the back office manager to perform the BCMS Internal Audit in the future.

John and the consultant discuss that the scope of the audit. John understands that the focus is to assess how closely the business has followed the BCMS.

The consultant meets with the back office manager to plan the process and agree that the measuring stick is ISO 22301. Together they interview various members of staff, review key documents and 1 week later they deliver a report to John with the observations, including:

- Section 4.2.1 b) No details documented of the relevant requirements of interested parties
- Section 4.3.2 There is no indication whether the scope of the BCMS has any exclusions.
- Section 5.2.1 b) The framework for setting business objectives is not documented within the BC Policy or in any separate document
- Section 7.2 Each member of John's leadership team requires more training in the processes of the BCMS
- Section 7.5.3.2 Documentation relating to the BCMS does not have version control information

Fallstudie JWC Teil 16

Bewertung der BCMS-Leistung

Drei Monate sind vergangen, seit John und die Beraterin die Ergebnisse der Übungsaktivitäten besprochen haben. Die Beraterin trifft sich mit John, um sein Augenmerk von Business Continuity (also Fähigkeiten, Teams und Plänen) auf das BCMS zu lenken.

Sie betont die Bedeutung, geschäftliche Änderungen auszuwerten – derzeit die Einführung des BCMS. Nunmehr, wo das Unternehmen am Ende des ersten BCMS-Zyklus steht, stimmt John zu, dass es der richtige Zeitpunkt für eine objektive Überprüfung des BCMS sei. Die Beraterin erläutert, dass es zwei Arten solcher Bewertungen gebe: die Interne Revision und die Managementbewertung.

John sagt, dass er das Konzept der Internen Revision kennt, weil der Leiter seines Innendienstes eine Art Interne Revision in jedem Jahr durchführt. John bittet die Beraterin, die Interne Revision zusammen mit dem Leiter des Innendienstes durchzuführen. Ziel ist es, den Leiter der Innendienste zu befähigen, die Interne Revision des BCMS in Zukunft allein durchzuführen.

John und die Beraterin besprechen die Reichweite der Internen Revision. John versteht, dass der Schwerpunkt darin besteht, einzuschätzen, wie genau das Unternehmen das BCMS angewendet hat.

Die Beraterin trifft sich mit dem Leiter der Innendienste, um den Prozess zu planen. Der Maßstab ist die DIN EN ISO 22301. Zusammen interviewen sie verschiedene Mitglieder der Belegschaft, überprüfen Kerndokumente und berichten John eine Woche später ihre Beobachtungen, einschließlich

- Abschnitt 4.2.1 b): Keine Einzelheiten wurden zu den relevanten Anforderungen der interessierten Parteien dokumentiert.
- Abschnitt 4.3.2: Die Ausnahmen vom Anwendungsbereich des BCMS sind nicht klar dokumentiert.
- Abschnitt 5.2.1 b): Das Rahmenwerk zur Bestimmung der geschäftlichen Ziele ist nicht in der BC-Leitlinie oder einem gesonderten Dokument belegt.
- Abschnitt 7.2: Jedes Mitglied des Führungsteams benötigt zusätzliches Training zu den Prozessen des BCMS.
- Abschnitt 7.5.3.2: Die Dokumentation zum BCMS hat keine Information zur Versionskontrolle.

- Section 8.2.2 a) Impact Types reflected the consequence categories from the Risk Management Framework and did not present adequate criteria to undertake the BIA

In parallel to the internal audit, John undertook the management review. John asks the consultant for direction because JWC has never experienced a disruption. The consultant advises John to concentrate on:

- changes in the business, affecting business operations
- results of the exercises.

John documented his findings, which included the following observations:

- The Production Team recently installed two new laser-guided cutting lathes
- The Finance function within the back office has moved to a different building to accommodate the team better, which now includes 2 more team members
- The Exercise identified:
  - Plans did not contain mobile phone numbers of team members
  - Lack of clarity around the criteria for activating the IMT
  - Lack of clarity on how to access plans and other documentation, if there was an ICT failure
  - 5 workaround strategies were identified as unworkable
- Given the nature of change in JWC, the BCMS cycle of 18 months is too long and has to be reduced to 12 months

John calls his leadership team to a workshop. They review the findings of the internal audit and John's management review. Collectively, they assign each item to one of two categories:

- Items to be addressed as part of progressing through the next cycle of the BCMS
- Items to be addressed prior to the start of the next cycle, which is to commence in 2 months

John and the consultant agree on the process for evaluation of performance.

- Abschnitt 8.2.2 a): Die Zwischenfallarten bilden die Kategorien der Konsequenzen aus dem Risikomanagement ab, stellen aber keine angemessenen Kriterien, um die BIA zu unternehmen, dar.

Parallel zur Internen Revision hat John die Managementbewertung durchgeführt. John bittet um Empfehlungen der Beraterin, da JWC zuvor nie eine Störung erfahren hat. Diese empfiehlt John, sich zu konzentrieren auf:

- Änderungen im Geschäft, die den geschäftlichen Betrieb beeinträchtigen und
- die Ergebnisse der Übungen.

John dokumentiert seine Ergebnisse, die die folgenden Beobachtungen einschließen:

- Das Produktionsteam hat kürzlich zwei lasergeführte Sägebänke installiert.
- Das Rechnungswesen ist in ein anderes Gebäude umgezogen, um das Team, das zwei neue Mitglieder zählt, besser unterzubringen.
- Die Übungen identifizierten:
  - Pläne enthielten kein Mobilnummern der Teammitglieder,
  - fehlende Klarheit bei den Kriterien für die Aktivierung des IMT,
  - fehlende Klarheit wie auf Pläne und andere Dokumentation im Fall einer IT-Störung zugegriffen werden kann,
  - fünf Zwischenlösungen stellten sich als undurchführbar heraus.
- Angesichts der Natur der Änderungen in JWC ist der BCMS-Zyklus von 18 Monaten zu lang und muss auf 12 Monate verkürzt werden.

John lädt sein Führungsteam zu einem Arbeitstreffen ein. Sie sehen die Ergebnisse von der Internen Revision und Johns Managementbewertung durch. Zusammen ordnen sie jeden Punkt einer von zwei Kategorien zu:

- Themen, mit denen man sich beim nächsten Zyklus des BCMS befassen muss,
- Themen, mit denen man sich vor Beginn des nächsten Zyklus, der in zwei Monaten beginnen wird, befassen muss.

John und die Beraterin einigen sich auf den Prozess für die Bewertung der Leistung.

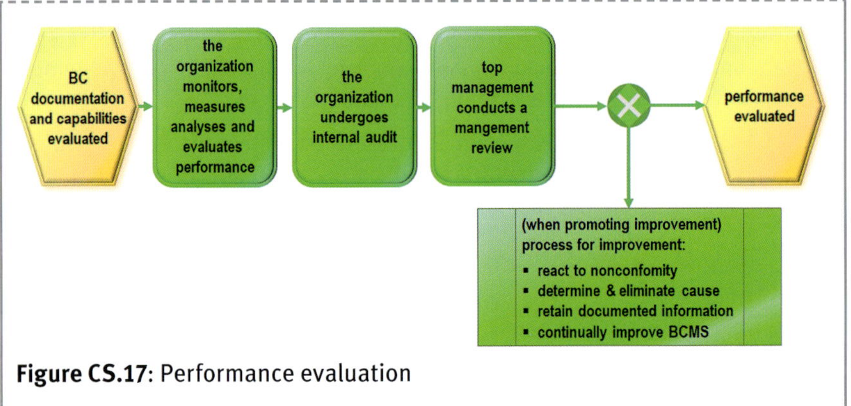

Figure CS.17: Performance evaluation

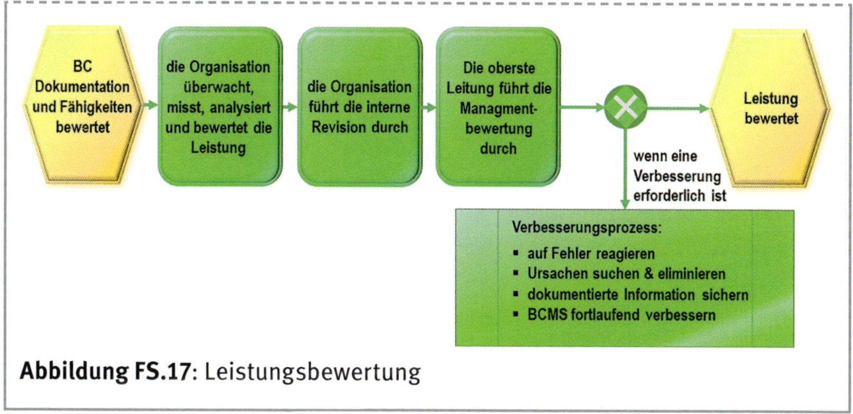

Abbildung FS.17: Leistungsbewertung

10 Improvement

The evaluation process might also identify opportunities for improving the BCMS.

Internal audit identifies non-conformities requiring action and attention to the resulting consequences. The objective of improving the BCMS is to ensure non-conformities do not reoccur and corrective action does not need to be repeated.

Further analysis may be required to identify the root cause of the deficiency and non-conformity. This will enable the BC Manager to ensure that an appropriate Corrective Action Plan is designed and implemented in a timely manner.

The evaluation process should not be relied upon as the only opportunity for improvement. Continual improvement should be a core philosophy of both the organization and the BCMS. For example, all participants in the BCMS should look for opportunities to improve the BCMS in areas such as planning, execution, workshop facilitation, education, scheduling tasks etc. Each idea should be assessed for their potential benefit to the organization and prioritized for implementation.

10 Verbesserung

Der Bewertungsprozess könnte auch Chancen zur Verbesserung des BCMS aufzeigen.

Die Interne Revision identifiziert Fehler, die Maßnahmen erfordern, und die Beachtung der resultierenden Konsequenzen. Das Ziel der Verbesserung des BCMS ist sicherzustellen, dass Fehler sich nicht wiederholen und Korrekturmaßnahmen nicht wiederholt werden müssen.

Zusätzliche Untersuchungen können notwendig sein, um die Ursachen des Mangels und des Fehlers zu identifizieren. Das befähigt den Leiter für die Aufrechterhaltung der Betriebsfähigkeit sicherzustellen, dass ein angemessener Plan für Korrekturmaßnahmen innerhalb eines angemessenen Zeitrahmens entwickelt und umgesetzt werden kann.

Auf den Bewertungsprozess sollte man sich nicht als einzige Möglichkeit für Verbesserung verlassen. Fortlaufende Verbesserung sollte eine Kernphilosophie sowohl der Organisation als auch ihres BCMS sein. Alle Beteiligten an einem BCMS sollten z. B. nach Gelegenheiten Ausschau halten, das BCMS z. B. bei der Planung, Umsetzung, Workshop-Durchführung, Ausbildung, Aufgaben, Terminierung etc. zu verbessern. Jede Idee sollte auf ihren möglichen Nutzen für die Organisation hin beurteilt werden und für die Umsetzung mit einer Priorität eingestuft werden.

Index

Stichwortverzeichnis